哲学与生活丛书

The Lady or the Tiger?
And Other Logic Puzzles

蒙特卡洛之锁

小谜题大逻辑

［美］雷蒙德·斯穆里安（Raymond Smullyan）　著

胡义昭　译

重庆大学出版社

在我所收到的为数众多、让人着迷的那些关于《我的第一本谜题书》（我可能从来都记不得它的名字！）的信件当中，有一封来自一个著名数学家（我以前的一个同学）的十岁的儿子。那封信里面有一个漂亮的原创谜题，它的诞生缘于他曾经如饥似渴地阅读的那本书当中某些谜题的启发。我马上给男孩的父亲打电话，祝贺他有一个聪明的儿子。在叫男孩接电话之前，男孩的父亲用柔和的、寻求同谋的语气对我说："他正在读你的书，可喜欢了！但是当你和他通话时，不要让他知道他正在读的东西是数学！如果他哪怕有一点点意识到这实际上就是数学，那么他肯定会马上停止读那本书的！"

我提到这件事，因为它描述了一个最奇怪但也是最普遍的现象：我碰见如此多的人宣称他们憎恨数学，如果我把任意的逻辑或者数学问题以谜题的形式呈现出来的话，他们却又会对这些问题产生极其强烈的兴趣。如果可以证明好的谜题书是治疗所谓"数学焦虑"的最好方法之一，那么我一点都不会对此感到惊奇。另外，所有数学论著其实都能够以谜题书的形式写出来！有时候，我想知道，欧几里得要是采用这样的方式撰写他那本经典的《几何原理》会怎么样。譬如，不是把等腰三角形的底角相等表述为一个定理并且接着给出它的证明，而是这样写：

问题：假定一个三角形有两边相等，那么其中是否必然有两个角相等？为什么是，或者为什么不是？（答案参见ⅩⅩ页。）

所有其他定理也这样处理，那么这样的一本书也许早就成为历史上最受欢迎的谜题书了！

我自己的谜题书往往与众不同，因为我首要关心的是那些跟逻辑和数学中深刻而且重要的结果有重大关联的谜题，《我的第一本逻辑书》的真正写作目的，在于让公众粗略了解哥德尔的伟大定理谈论的是什么。你现在拿着的这本书在这个方向走得更远。我在一个名为"谜题与悖论"的课程里面采用了这本书的手稿，在那个课程当中，有一个学生对我说："你知道，这整本书，特别是第三部分和第四部分，有太多数学小说的味道。我以前从来没有见过这样的东西！"

我认为"数学小说"这个短语用得特别贴切。这本书的大部分内容确实是以叙述的方式来写的，并且因为本书的后半部分讲的是这样一个案子，苏格兰场的探员克雷格必须要找到打开用蒙特卡洛法设置的保险箱的密码来阻止一场灾难，所以还可以给这本书另外起一个"蒙特卡洛之锁谜案"这样的好名字。当这个探员发现刚开始破解箱子的努力不成功的时候，他回到伦敦，在那里他偶然碰上一个许久未见的熟人，而这个熟人恰恰是一个非常聪明但又古怪的数字机器发明家。他们和一个数理逻辑学家一起合作，很快三个人就意识到他们自己正身处那些奔向哥德尔伟大发现的核心地带的、深不可测的水流之中。当然，最后发现蒙特卡洛之锁就是一把伪装的"哥德尔"锁，它的操作方法[1]漂亮地反映了哥德尔的一个根本观念，这个观念在许多处理自我增殖这种引人注目的现象的科学理论当中都有一些基本应用。

作为一个值得注意的意外收获，克雷格和他的朋友们的调查牵扯出了一些迄今为止不为公众或者科学团体所知的令人惊奇的数学发现。这些发现就是这里首次发表的"克雷格定律"和"弗格森定律"，对于外行人、逻辑学家、语言学家以及计算机科学家来说应该具有同样程度的吸引力。

整本书的写作对于我来说一直是一个巨大的乐趣，而阅读它也应该会带来同等的乐趣。我正在计划几部后续作品。我再次感谢我的编辑安·克娄斯以及制作编辑梅尔文·罗森塔尔给予我的那些美妙帮助。

雷蒙德·斯穆里安

纽约艾尔卡公园

1982年2月

---

1 原文为拉丁文，modus operandi。——译者注

目录

1 第一部分
是女人还是老虎？

2 第二部分
谜题和元谜题

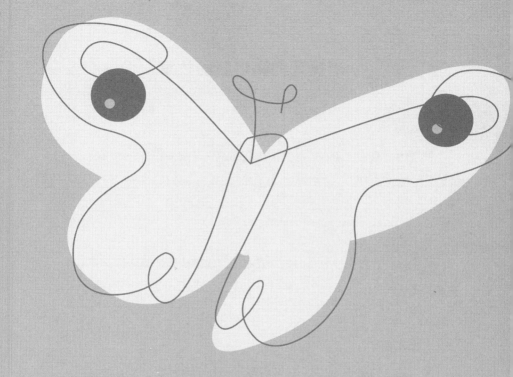

第一部分

是女人还是老虎？

第一章

老掉牙的和崭新的故事

我想用一系列五花八门的算术谜题和逻辑谜题来作为这本书的开始。一些是新谜题，一些则是老谜题。（答案在每一章的末尾给出。）

1. 多少？

假设你和我有同样数目的钱。我必须给你多少钱才能让你比我多10美元呢？

2. 政客谜题

采用某个约定来为100个政客编号。每一个政客要么是骗子要么是老实人。我们还有下面两个事实：

（1）至少有一个政客是老实人。

（2）给定任意两个政客，其中至少有一个是骗子。

我们能从上面这两个事实推断出有多少个政客是老实人，多少个政客是骗子吗？

3. 不那么新的瓶子当中的旧酒

一瓶葡萄酒价值10美元，其中的酒比瓶子多值9美元。瓶子值多少钱？

4. 多少利润？

这个谜题的迷人之处在于人们似乎总是在答案上争执不休。是的，不同的人运用不同的方法然后得出不同的答案，并且每个人都坚持他的答案是正确的。这个谜题是：

一个经销商花7美元买了一件东西，8美元把它卖掉，9美元再把它买回来，然后10美元把它卖掉。他赚取了多少利润呢？

5. 10只宠物的问题

这个谜题的教育意义在于，尽管它可以用初等代数轻易地解决，但也可以根本不用任何代数方法，而只是用普通的常识来解决。另外从我的判断来看，常识解法比代数解法更引人入胜且更富有见识，也肯定更有创造性。

56枚饼干要分发给10只宠物，这些宠物不是狗就是猫。每1只狗要分得6枚饼干，每1只猫要分得5枚。有多少只狗和多少只猫呢？

任何熟悉代数的读者都可以马上给出答案。这个问题也可以用试错法一步一步加以解决：猫的数目从0到10，有11种可能，所以我们就可以尝试每一种可能，直到找到正确的答案。但是如果你以恰当的视角观察这个问题，那么你就会发现有一种出奇简单的解法，既不涉及代数也不涉及试错法。所以，我强烈建议那些通过自己的方法获得答案的读者参考我给出的解法。

6. 大鸟和小鸟

这里有另外一个既可以用代数又可以用常识解决的谜题，我再一次偏向于常识解法。

某个宠物商店出售大鸟和小鸟，每1只大鸟的价格是小鸟的价格的2倍。一位女士进去买了5只大鸟和3只小鸟。如果相反，她买3只大鸟和5只小鸟，她就会少花20美元。每只"大鸟和小鸟"的价格分别是多少？

7. 心不在焉的坏处

下面的故事碰巧是真的：

众所周知[1]，在一个至少23人的群组里面至少两个人拥有相同生日的可能性大于50%。当时，我正在给普林斯顿的一些本科生上数学课，我们在讨论初等概率论。我对这个班上的学生解释说，如果把23人换成30人，那么至少两个人拥有相同生日的可能性将会变得非常高。

"现在，"我继续说，"由于我们班只有19个学生，那么你们当中至少两个人拥有相同生日的可能性就会远远小于50%。"

这时候一个学生举手说："我要和你打赌，我们当中至少有两个人拥有相同的生日。"

"对我来说接受这个打赌不太恰当，"我回答说，"因为我更关心的是概率。"

1　请在你经常使用的网络搜索引擎当中以"生日相同的概率"为关键词搜索，以了解这个"众所周知"的道理。——译者注

"我不管，"那个学生说，"无论如何，我都要和你打这个赌！"

考虑到正好可以给他好好地上一堂课，我就说："好吧。"然后我让学生们一个个地公布他们的生日，可是差不多进行到一半的时候，我和班上的学生突然嘲笑起我的愚蠢来。

那个如此自信地打赌的男孩并不知道除了他自己之外在场的任何人的生日。你能猜出他为什么如此自信吗？

8. 共和党党员和民主党党员

在一个组织的某个分会里面，每一个成员要么是共和党党员，要么是民主党党员。有一天某个民主党党员决定加入共和党，这个决定实现后共和党党员和民主党党员一样多。许多周以后，这个新的共和党党员决定变回民主党党员，因此事情又变回从前的样子。后来另一个共和党党员成为[1]民主党党员，至此民主党人数是共和党人数的两倍。

这个分会有多少会员呢？

9. 一个新的"彩帽"问题

三个受试者A、B、C都是完美无缺的逻辑学家，他们都能够立即推导出任意一个前提集合的所有结论。每一个人也都能意识到其他两个人是完美无缺的逻辑学家。给他们看7张邮票：2张红的，2张黄的，3张绿的。然后给他们都戴上眼罩，并在他们每个人的前

1　原文本意为"决定成为"，不够严谨，因此修正。——译者注

额贴上一张邮票，而剩下的邮票则放到一个抽屉里面。当把他们的眼罩都摘掉之后，问A："你知道你额头上的邮票肯定没有的一种颜色吗？"A回答："不知道。"然后问B同样的问题，B也回答："不知道。"

从这些信息可以推断出A或者B或者C的邮票颜色吗？

10. 为那些懂得国际象棋规则的人而设计的问题

我想请你注意一种让人着迷的国际象棋问题，它不像那种让执白棋者先行在若干步以内将死对方的常规问题，而是涉及对一盘棋的过去的历史分析：现在的布局是如何出现的。

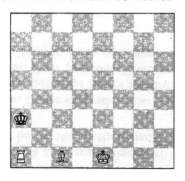

对这种类型的问题，苏格兰场的探员克雷格[1]和夏洛克·福尔摩斯[2]有着一样的兴趣。一次他和一个朋友走进一家国际象棋俱乐部，在那里面他们发现了一个被弃置一旁的棋盘。

1　克雷格探员是我以前的逻辑谜题书《这本书叫什么？》当中的一个角色。

2　我那本名叫《夏洛克·福尔摩斯的国际象棋奥秘》的书里面就有许多这类的谜题。

那个朋友说:"无论是谁玩的这盘棋,他们一定不懂得国际象棋的规则。按照国际象棋规则,这样的布局是完全不可能的。"

"为什么?"克雷格问道。

那个朋友回答说:"因为黑棋现在同时被白车和白象将着军。白棋怎么可能走出这样的将军布局呢?如果他刚刚移动的是他的车,那么黑王之前就被他的象给将军了,而如果他刚刚移动的是他的象,那么黑王之前就被他的车给将军了。所以你看,这种布局是不可能的。"

克雷格研究了一会儿这种布局。他说:"并非如此,尽管这种布局极其怪异,可它依然是国际象棋的一种合法布局。"

克雷格是绝对正确的!尽管种种迹象看起来都与此相反,可是这种布局实际上是可能的,而且我们还可以由此推断出白棋最后一步走的是什么。是什么呢?

1. 常见的一个错误答案是10美元。现在假设我们每人各有，比如50美元。如果我给你10美元，那么你就有60美元而我就有40美元。从而你就会比我多20美元，而不是10美元。

正确的答案是5美元。

2. 一个相当常见的错误答案是"50个老实人和50个骗子"。另外一个也比较常见的错误答案是"51个老实人和49个骗子"。两个答案都是错的！现在让我们看看如何找到正确答案。

我们知道至少有一个人是老实人。让我们从中挑选任意一个老实人，他的名字比如就叫弗兰克。现在从剩下的99人当中挑出任意一个人，就叫他约翰。根据第二个已知条件，弗兰克和约翰这两个人当中至少有一个是骗子。既然弗兰克不是骗子，那么那个骗子就是约翰。既然约翰代表剩下的99个人当中的任意一个人，那么那99个人当中的每一个人都是骗子。所以答案是1个老实人和99个骗子。

另外一个证明方法是这样的："给定任意两人，至少一个是骗子"，这个陈述不多不少，正好说的是"给定任意两个人，他们并不都是老实人"，换句话说，没有两个人是老实人。这意味着至多有一个人是老实人。而根据第一个条件，"至少有一个人是老实人"，而正确答案是只有一个人是老实人。

你更喜欢哪一个证明方法呢？

3. 常见的一个错误答案是1美元。现在，如果瓶子真的值1美元，那么酒就会因为比瓶子多值9美元而价值10美元了。因此酒和瓶子加起来就会价值11美元。正确的答案是，瓶子值0.5美元而酒值9.5美元。这样两者加起来才是10美元。

4. 有一种像下面这样的论证。在花7美元买来那件东西然后8美元把它卖掉之时，他赚了1美元。而在花8美元把它卖掉之后9美元把它买回来，他损失了1美元，所以到此时他不赔不赚。但是接着以10美元的价格卖掉又花9美元买来的东西，他重新赚了1美元。因此他赚取的总利润是1美元。

另外一个论证甚至得出那个经销商不赚不赔的结论。当他在花7美元买来那件东西后8美元把它卖掉，他赚了1美元。但是他后来花9美元把他自己当初花7美元买来的东西再买回来时，他损失了2美元，所以到此时他亏空了1美元。后来他把他最后支付了9美元的那件东西以10美元卖掉，挣回来那1美元，因此现在他不赔不赚。

这两个论证都是错误的，正确的答案是那个经销商赚了2美元。有几种方法可以得出这个结论，其中一种方法如下所述。首先，在以8美元卖掉他已经支付了7美元的东西之后，很清楚，他赚了1美元。现在假设他不是9美元买回同一件东西然后10美元把它卖掉，而是9美元买了另外一件东西并以10美元的价格把它卖掉。从纯粹的经济学观点来看，这会有什么真正的不同吗？当然不会！他显然会在第二件东西的买进卖出上赚取另外1美元。因此，他已经赚了2美元。

另外一个证明方法非常简单：经销商的总支出是7美元＋9美元=16美元，而他的总收入是8美元＋10美元=18美元，由此得出2美元的利润。

对那些无法信服上面这两个论证的人来说，就让我们和他们一起[1]假设那个经销商在那天刚开始的时候有一定数量的资产，比如说100美元，并且他只进行了那四笔交易。那么在那天结束的时候他有多少钱呢？好吧，首先他支付7美元买那件东西，资产剩下93美元。然后他以8美元把那件东西卖掉，资产上涨为101美元。接下来他以9美元把那件东西买回来，资产跌落到92美元。最后他以10美元卖掉那件东西，从而以102美元结账。所以，那天他开始有100美元，结果以102美元告终。那么他的利润怎么可能是2美元之外的任何数呢？

5. 我心中的解答是这样的。首先喂食那10只宠物各5枚饼干，这样就只剩下6枚饼干。现在猫们已经得到它们的份额了！由此，6枚剩下的饼干是给那些狗的，而既然每只狗要再得到1枚饼干，那么就必定有6只狗，因而有4只猫。

当然，我们可以检验这个解答。6只狗每一只得到6枚饼干就需要36枚饼干，4只猫每一只得到5枚饼干就需要20枚饼干。如此，饼干总数应是36枚＋20枚=56枚。

6. 既然1只大鸟的价格等于2只小鸟的价格，那么5只大鸟的价格就等于10只小鸟的价格。从而5只大鸟加上3只小鸟的价格就等于13只小鸟的价格。另一方面，3只大鸟加5只小鸟的价格就等于11只小鸟的价格。所以买5只大鸟、3只小鸟和[2]买3只大鸟、5只小鸟的差别就跟买13只小鸟和买11只小鸟的差别相同，就差2只小鸟。我

---

1 根据文义添加"和他们一起"。——译者注

2 原文用"或"，有问题。——译者注

们知道两者的价格差异是20美元。所以2只小鸟价值20美元，这也就意味着1只小鸟价值10美元。

让我们来检验一下。1只小鸟价值10美元，而1只大鸟价值20美元。从而，那位女士买5只大鸟和3只小鸟就要花去130美元。如果她买3只大鸟和5只小鸟，那么就会花去110美元，而比实际少花20美元。

7. 在我接受那个学生的打赌时，全然忘记了其他学生当中总是相邻而坐的两个学生是同卵双胞胎。

8. 有12个会员：7个民主党党员和5个共和党党员。

9. 只能够确定C的邮票颜色。如果C的邮票是红的，那么B就会通过下面的推理知道他的邮票不是红的："如果我的邮票也是红的，那么A看见两张红邮票，就会知道他的邮票不是红的。但是A不知道他的邮票不是红的。所以，我的邮票不可能是红的。"

这证明如果C的邮票是红的，那么B就会知道他的邮票不是红的。但是B不知道他的邮票不是红的，因此C的邮票不可能是红的。

除了把红换成黄之外，同样的论证方法可以表明C的邮票也不可能是黄的。因此，C的邮票必定是绿的。

10. 给出的条件当中并没有告诉我们棋盘的哪一边是白棋，哪一边是黑棋。看起来有可能白棋正在向上移动，但是如果真如此，那么这个布局反倒是不可能的！事实是，白棋必定正在向下移动，在最后一步之前的布局是这样的：

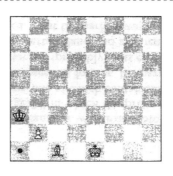

　　左下方的那个格子上的圆圈代表某个黑子（可能是王、车、象、马之一，但无从得知究竟是哪一个）。然后白卒吃掉那个黑子，升变为车，这样就成了现在的布局。

　　当然，有人可能会问："为什么白棋升变为车而不是后呢？这不是不大可能吗？"对此的回答是，这种升变确实不大可能，但是其他的任何最后一步不只是不大可能，而是不可能。正如夏洛克·福尔摩斯对华生说的那句聪明话一样："当我们已然排除掉那些不可能的时候，留下来的无论是什么，不管有多么不大可能，一定都是真相。"

第二章

女人和老虎？

你们当中的好多人[1]都熟悉弗兰克·斯托克顿的"女人和老虎"那个故事，里面讲到那个犯人必须在两间屋子之间选择，一间里面有[2]一个女人，另一间里面有一只老虎。如果他选择了前者，他就会和那个女人结婚；如果他选择后者，那么他（也许）就会被那只老虎吃掉。

某个地方的国王也读了这个故事，并且由此产生了一个想法。一天他对大臣说："这正好是用来审判犯人的完美方法呀！不过，我不会听任机会来控制这种审判。我将在这两间屋子的门上挂一些牌子，审判每一个犯人时我都会告诉他关于那些牌子的某些事实。如果犯人聪明并且能够合乎逻辑地推理，那么他就会保住命并且赢得一个不错的新娘！"

"好主意！"大臣说。

---

1 这句话当然主要是针对美国读者，不过如果你对那个故事感兴趣，那么到网络上搜索英文原版或者当中文志愿者翻译版来读读也不错，至少也就成了斯穆里安这里的一个理想读者。——译者注

2 严格地说，这章当中这样的"有"都应该理解为"有且仅有"。——译者注

·第一天的审判·

第一天有三个审判。在三个审判当中，国王都对犯人解释说，两间屋子的每一间里面要么有一个女人，要么有一只老虎，但是既有可能两间屋子里面都是老虎，也有可能两间屋子里面都是女人，还有可能再一次出现那个故事里面的情形，一间屋子有一个女人，而另一间有一只老虎。

1. 第一个审判

犯人问道："假设两间屋子都有老虎，那么我怎么办呢？"

"那是你的运气不好！"国王回答说。

犯人问道："假设两间屋子都有女人呢？"

"那很显然，你运气好呀，"国王回答说，"你一定也猜到了我会如此回答吧！"

"哦，假设一间屋子有一个女人而另一间有一只老虎，那么会怎么样呢？"犯人问道。

"那样，那就看你选择哪一间屋子了，不是吗？"

犯人问道："我怎么知道选择哪一间呢？"

国王把手指向两间屋子的门上的牌子。

犯人问道："牌子上面说的都是真的吗？"

"其中一个是真的，"国王回答说，"但是另一个是假的。"

如果你是那个犯人，你将打开哪一扇门呢（当然假定你更愿意选择女人而不是老虎）？

牌子上是这样写的：

I

这间屋子里面有一个女人，并且另一间屋子里面有一只老虎

II

两间屋子当中的一间里面有一个女人，并且两间屋子当中的一间里面有一只老虎

2. 第二个审判

就这样，第一个犯人保住他的命并且带着女人离开了。然后换了门上的牌子，并且相应地安排了两间屋子的新房客。这次两个牌子上是这样写的：

I

两间屋子当中至少有一间屋子里面有一个女人

II

一只老虎在另一间屋子里面

第二个犯人问："牌子上的陈述都是真的吗？"

"它们要么都真要么都假。"国王回答道。

那个犯人应该挑选哪一间屋子呢？

3. 第三个审判

在这个审判当中，国王再一次解释说，牌子上写的要么都真要么都假。牌子上是这样写的：

I	II
要么一只老虎在这间屋子里面，要么一个女人在另一间屋子里面	一个女人在另一间屋子里面

第一间屋子里面有一个女人或者一只老虎吗？另外一间屋子呢？

·第二天·

"昨天就是一个大失败，"国王对他的大臣说，"三个犯人都解决了他们的谜题！哦，我们今天有五个审判，我想我要把这五个审判弄得更困难一点。"

"好主意！"大臣说。

哦，在这一天的每个审判当中，国王都解释说，在左手边的屋子（第一间屋子）里面，如果一个女人在里面，那么那门上的牌子上写的是真话，但是如果一只老虎在里面，那么牌子上写的就是假话。在右手边的屋子（第二间屋子）里面，情形刚好相反：一个女人在里面意味着门上的牌子上写的是假话，而一只老虎在里面意味着牌子上写的是真话。再说一次，有可能两间屋子里面的都是女人，或者两间屋子里面的都是老虎，或者一间屋子有一个女人而另一间有一只老虎。

4. 第四个审判

在国王把上面的规则对犯人解释了之后，他指向那两个牌子：

```
        I                          II
   两间屋子里面的              两间屋子里面的都是
   都是女人                   老虎
```

那个犯人应该挑选哪一间屋子呢？

5. 第五个审判

应用相同的规则，而牌子上是这样写的：

```
        I                          II
   至少一间屋子里             在另一间屋子里有一
   面有女人                   个女人
```

6. 第六个审判

国王特别喜欢这个谜题以及下一个谜题。牌子上是这样写的：

```
        I                          II
   你挑选哪一间屋             另外一间屋子里面有
   子是无关紧要的             一个女人
```

那个犯人应该如何选择呢？

7. 第七个审判

牌子上是这样写的：

I	II
你挑选哪一间屋子是有关紧要的	你选择另外一间屋子会更好一些

那个犯人应该如何选择呢？

8. 第八个审判

"门上都没有牌子呀！"那个犯人大叫道。

"完全正确，"国王说，"牌子刚做好，我还没有来得及把它们挂上去。"

"那么你想要我如何选择呢？"那个犯人询问道。

"哦，牌子上是这样写的。"国王回答道。

I	II
这间屋子里面有一只老虎	两间屋子里面都有老虎

"好歹也算有牌子了，"那个犯人急切地说，"但是哪一个牌子对应哪一扇门呢？"

国王想了一会儿。"我不用告诉你，"他说，"你不用那个信息就能解决这个问题。"

他继续说："当然，只要记住左手边的屋子里是女人意味着应该挂在它的门上的牌子上写的是真话，里面是老虎意味着牌子上写的是假话，而对于右手边的屋子来说则正好相反。"

答案是什么呢？

·第三天·

"真该死！"国王说，"犯人们又都赢了！我想明天我会安排三间屋子而不是两间。我将在一间屋子里面安排一个女人而在另外两间屋子里都安排一只老虎。然后我们再来看那些犯人如何应付吧！"

"好主意！"大臣回答道。

"你的话尽管是在恭维我，可是难免有点老生常谈了吧！"国王大声说道。

"所言极是！"大臣回答说。

9. 第九个审判

好了，在第三天的时候，国王依计而行。他提供了三间屋子以供选择，对那个犯人解释说，一间屋子里面有一个女人，另外两间里面都是老虎。三个牌子上是这样写的：

I	II	III
一只老虎在这间屋子里面	一个女人在这间屋子里面	一只老虎在第二间屋子里面

国王解释说，三个牌子当中最多有一个写的是真话。哪一间屋子里面有女人呢？

10. 第十个审判

仍然是女人只有一个，老虎却有两只。国王对那个犯人解释说，里面有女人的那间屋子的门上的牌子上写的是真话，而且另外两个门上的牌子上至少有一个写的是假话。那些牌子上是这样写的：

I	II	III
一只老虎在第二间屋子里面	一只老虎在这间屋子里面	一只老虎在第一间屋子里面

犯人应该如何选择呢？

11. 第一个、第二个以及第三个选择

在这个更古怪的审判当中，国王对那个犯人解释说，三间屋子当中的一间里面有一个女人，另外一间里面有一只老虎，而第三间是空的。里面有女人的屋子的门上的牌子上写的是真的，有老虎的屋子的门上的牌子上写的则是假的，而空屋子的门上的牌子上写的既可能是真的又可能是假的。那些牌子上是这样写的：

I	II	III
第三间屋子是空的	老虎在第一间屋子里	这间屋子是空的

现在，犯人碰巧认识那个女人并且希望娶她。因而，虽然空屋子比起有老虎的屋子来说更可取，但是他的第一选择还是有女人的屋子。

哪一间屋子里面有女人，哪一间屋子里面有老虎呢？如果你能回答这两个问题，那么你应该也不难判定哪一间屋子是空的。

·第四天·

"太可怕啦！"国王说道，"看起来我不得不把我的谜题设计得足够难，以致困住那些家伙！哦，我们仅仅有一个审判机会了，但是这次我会叫那个犯人尝一尝什么叫作真正的刺激！"

12. 一个逻辑迷宫

哦，国王言出必行。不同于前面给出三间屋子让犯人从中选择的是，他这下给出九间屋子！正如他解释的那样，只有一间屋子有一个女人，另外八间屋子当中的每一间要么有一只老虎要么就是空的。并且，国王还补充说，有女人的那间屋子的门上的牌子上写的是真的，有老虎的所有屋子的门上的牌子上写的都是假的，而空屋子的门上的牌子上写的则可能是真的也可能是假的。

那些牌子上是这样写的：

I 那个女人在某间奇数编号的屋子里面	**II** 这间屋子是空的	**III** 要么第五个牌子上写的是真的，要么第七个牌子上写的是假的
IV 第一个牌子上写的是假的	**V** 要么第二个牌子上写的是真的，要么第四个牌子上写的是真的	**VI** 第三个牌子上写的是假的
VII 那个女人不在第一间屋子里面	**VIII** 这间屋子里面有一只老虎，并且第九间屋子是空的	**IX** 这间屋子里面有一只老虎，并且第六个牌子上写的是假的

那个犯人研究了这种情况好大一会儿。

"这个问题是无法解决的！这不公平！"他愤怒地大叫道。

国王笑着说："我知道。"

"太有趣了！"那个犯人回答道，"来吧，现在至少给我一个像样的线索，譬如第八间屋子是空的还是不空的？"

国王的回答非常得体，他告诉了那个犯人关于第八间屋子空或者非空的真实情况，而那个犯人由此得以推断出那个女人在哪里。

那个女人在哪一间屋子里面呢？

1. 我们已经知道两个牌子当中一个上写的是真的而另一个上写的是假的。有可能第一个是真的而第二个是假的吗？当然不可能，因为如果第一个牌子上写的是真的，那么第二个牌子上写的必定也是真的——也就是说，如果在第一间屋子里面有一个女人而第二间里面有一只老虎，那么其中一间屋子里的是女人而另一间里的是老虎这一情形就必然是真的。既然不可能第一个牌子上写的是真而第二个上写的假，那么必定是第二个牌子是真的而第一个是假的了。既然第二个牌子上写的是真的，那么实际情况就是，一间屋子里面有一个女人而另一间屋子里面有一只老虎。既然第一个牌子上写的是假的，那么实际情况必定是，老虎在第一间屋子而女人在第二间屋子。所以那个犯人应该选择第二间屋子。

2. 如果第二个牌子上写的是真的，那么第一间屋子里面的是女人，从而至少有一间屋子里面的是女人——这就使得第一个牌子上写的成为真的了。因此不可能两个牌子上写的都是假的。这就意味着两个牌子上写的都是真的（既然我们已经知道它们上写的要么同真要么同假）。因而，一只老虎在第一间屋子里面而一个女人在第二间屋子里面，所以那个犯人和第一个犯人一样应该选择第二间屋子。

3. 国王这次很慷慨，因为两间屋子里面的都是女人！证明如下：

第一个牌子实际上说的是下面的可选条件当中至少有一个是真的：第一个房间里面的是老虎；第二个房间里面的是女人。（这个牌子上的话并不排斥两个可选条件都成立这种可能。）

现在，如果第二个牌子上写的是假的，那么第一间屋子里面的是老虎——这就使得第一个牌子上写的为真（因为第一个可选条件是为真）。但是我们已经知道实际情况并非一个牌子上写的是真的而另一个牌子上写的是假的。因而，由第二个牌子上写的是真的，可知两个牌子上写的都是真的。既然第二个牌子上写的是真的，第一间屋子里面就有一个女人。这意味着第一个牌子的第一个可选条件上面写的是假的，但是既然至少有一个可选条件为上面写的是真的，那么第二个可选条件必定是上面写的是真的。所以第二间屋子里面也有一个女人。

4. 既然那两个牌子上写的是同真或同假，那么它们上写的要么都真要么都假。假设它们都真，那么两间屋子里面的都是女人。特而言之，第二间屋子里面有一个女人。但是我们已经知道，如果第二间屋子里面有一个女人，那么门上的牌子上写的就是假的。这是一个矛盾，所以两个牌子上写的都不是真的，它们上面写的都是假的。所以，第一间屋子里面有一只老虎而第二间屋子里面有一个女人。

5. 如果第一间屋子里面的是老虎，我们就会得到一个矛盾。因为如果它里面确实有一只老虎，那么第一个牌子上写的就是假的，这就意味着没有一间屋子里面有女人，两间屋子里面的都是老虎。但是我们已经知道第二间屋子里面有老虎就意味着第二个牌子上写的是真的，也就意味着另外一间屋子里面有一个女人，而这与第一间屋子里面有一只老虎的假设矛盾。所以第一间屋子里面的不可能是一只老虎，而必定是一个女人。因而，第二个牌子上所写的为真，进而第二间屋子里面有一只老虎。所以第一间屋子里面有一个女人而第二间屋子里面有一只老虎。

6. 第一个牌子实际上是说，两间屋子里面的要么都是女人要么都是老虎——这是能够使得挑选哪一间屋子都无关紧要的唯一途径。

假设第一间屋子里面有一个女人。那么第一个牌子上写的为真，也就意味着第二间屋子里面也有一个女人。另一方面，假设第一间屋子里面有一只老虎。那么第一个牌子上写的就是假的，这也就意味着两间屋子的房客并不是同类，因此第二间屋子的房客依然是一个女人。这证明了不管第一间屋子里面的是什么，第二间屋子里面必定有一个女人。既然第二间屋子里面有一个女人，那么第二个牌上写的就是假的，而且第一间屋子里面必定有一只老虎。

7. 第一个牌子实际上是说两个房客并非同类，一个是女人而另一个是老虎，但是它并没有说哪一间屋子里面的是女人，哪一间屋子里面的是老虎。如果第一间屋子的房客是女人，它门上的牌子上写的就是真的，从而第二间屋子里面必定有一只老虎。另一方面，如果第一间屋子的房客是老虎，那么第一个牌子上写的就是假的，也就意味两个房客实际上并非异类，所以第二间屋子里面也必定有一只老虎。因而，第二间屋子里面一定有一只老虎。这就意味着第二个牌子上写的是真的，所以第一间屋子里面必定有一个女人。

8. 假设"这间屋子里面有一只老虎"的牌子在第一间屋子的门上。如果一个女人在那间屋子里面，那么它门上的牌子上所写的就是假的，而这与国王给出的条件抵触。如果一只老虎在那间屋子里面，那么它门上的牌子上所写的就是真的，这同样与国王的条件抵触。所以那个牌子不可能是第一扇门上的，它必定在第二扇门上。这就意味着另一个牌子上所写的要挂在第一扇门上。

第一扇门上的牌子上所写的因而读作：两间屋子里面都有老虎。所以第一间屋子里面不可能有一个女人，否则它门上的牌子上所写的就是真的，也就意味着两间屋子里面都有老虎，而这就得到一个明显的矛盾。因而第一间屋子里面有一只老虎。由此可以得出它门上的牌子上所写的是假的，所以第二间屋子里面必定有一个女人。

9. 第二个牌子和第三个牌子上所写的彼此矛盾，所以它们当中至少有一个是真的。既然三个牌子上所写的当中至多有一个是真的，那么第一个上所写的必然是假的，因此那个女人在第一间屋子里面。

10. 既然里面有女人的屋子的牌子上所写的是真的，那么那个女人必定不可能在第二间屋子里面。如果她在第三间屋子里面，那么三个牌子上所写的必定都是真的，也就与至少一个牌子上所写的为假这一已知条件矛盾。因而，那个女人在第一间屋子里面（并且第二个牌子上写的是真的，第三个牌子上写的是假的）。

11. 既然里面有女人的屋子的门上的牌子上写的是真的，那么那个女人不可能在第三间屋子里面。
假设她在第二间屋子里面。那么第二个牌子上写的就是真的，从而老虎就会在第一间屋子里面而第三间屋子就会是空的。这就意味着有老虎的屋子的门上的牌子上所写的是真的，而这是不可能的。因而，女人在第一间屋子里面，第三间屋子必定是空的，而老虎在第二间屋子里面。

12. 如果国王告诉犯人第八间屋子是空的，犯人就不可能找到女人在哪间屋子里面。既然犯人实际上推断出女人在哪里了，那么国王必定告诉了他第八间屋子不是空的，而犯人做出如下的推理：

女人不可能在第八间屋子里面，因为如果她在里面，那么第八个牌子上写的就是真的，但是这个牌子上写的是一只老虎在这间屋子里面，由此得到一个矛盾。所以那个女人不在第八间屋子里面。并且，第八间屋子里面不是空的，所以第八间屋子里面必定有一只老虎。既然它里面有一只老虎，它门上的牌子上写的就是假的。现在，如果第九间屋子是空的，那么第八个牌子上写的就是真的。因而第九间屋子不可能是空的。

由于第九间屋子也不是空的。它里面不可能有女人，否则它门上的牌子上写的就是真的，也就意味着这间屋子里面有一只老虎，而这意味着第九个牌子上写的是假的。如果第六个牌子上写的实际上是假的，那么第九个牌子上写的就是真的，而这是不可能的。因而第六个牌子上写的是真的。

既然第六个牌子上写的是真的，那么第三个牌子上写的就是假的。第三个牌子上写的是假的唯一途径在于第五个牌子上写的是假的而第七个牌子上写的是真的。既然第五个牌子上写的是假的，那么第二个和第四个牌子上写的就都是假的。既然第四个牌子上写的是假的，那么第一个牌子上写的必定是真的。

现在我知道哪些牌子上写的是真的而哪些牌子上写的是假的了，也就是：

1—真　　4—假　　7—真

2—假　　5—假　　8—假

3—假　　6—真　　9—假

由于其他屋子的牌子上写的都是假的，我现在知道那个女人要么在第一间屋子里面，要么在第六间屋子里面，要么在第七间屋子里面。既然第一个牌子上写的是真的，那么女人不可能在第六间屋子里面。既然第七个牌子上写的是真的，那么女人不可能在第一间屋子里面。所以，女人在第七间屋子里面。

第三章

塔尔博士和费瑟尔教授的疯人院

苏格兰场的克雷格探员被点到法国调查被怀疑有问题的11家疯人院。在这些疯人院里面，所有居民就是病人和医生，而医生们就组成了全体工作人员。每一家疯人院的每一个居民，无论是病人或者医生，不是神智健全的就是神智错乱的。另外，神智健全的人都是完全神智健全的，而且他们的所有信念都是百分之百正确的，也就是说，所有他们信以为真的命题都是真命题，而他们信以为假的命题都是假命题。而神智错乱者在他们的所有信念上都是完全不正确的，也就是说，所有他们信以为假的命题都是真命题，他们信以为真的命题都是假命题。我们还假定所有这些居民总是诚实的，无论他们说什么，他们都是真正相信的。

1. 第一家疯人院

在克雷格探访的第一家疯人院里面，他分别和姓"琼斯"和"史密斯"的两个居民进行了会谈。

"告诉我，"克雷格问琼斯，"你对史密斯先生了解多少呢？"

"你应该叫他史密斯医生，"琼斯回答道，"他是一名医生。"

一段时间之后，克雷格遇见史密斯然后问他："你对琼斯了解多少呢？他是一个病人还是一个医生？"

"他是一个病人。"史密斯回答道。

探员认真考虑了一会儿，然后就意识到这座疯人院里面确实有不对劲的地方：要么有一个医生神智错乱而不应该在那里工作；要么更糟的是，有一个病人神智健全而根本不应该待在那里。

克雷格是如何知道这一点的呢？

2. 第二家疯人院

在克雷格探访的下一家疯人院里面，其中一个居民说了一句话，从那句话这个探员就能够推断出说话人一定是一个神智健全的病人，因而不该待在那里。于是克雷格采取措施让他得以释放。

你能够提供这样的一句话吗？

3. 第三家疯人院

在下一家疯人院里面，一个居民说了一句话，从那句话克雷格可以推断出说话人是一个神智错乱的医生。你能提供这样的一句话吗？

4. 第四家疯人院

在下一家疯人院里面，克雷格问其中一个居民："你是病人吗？"他回答说："是的。"

这家疯人院里面必然有什么不对劲的地方吗？

5.第五家疯人院

在下一家疯人院里面，克雷格问其中一个居民："你是病人吗？"他回答说："我相信我是。"

这家疯人院里面必然有什么不对劲的地方吗？

6.第六家疯人院

在克雷格探访的下一家疯人院里面，他问一个居民："你相信你是病人吗？"那个居民回答说："我相信我是。"

这家疯人院里面必然有什么不对劲的地方吗？

7.第七家疯人院

克雷格发现下一家疯人院更为有趣。他遇见两个居民A和B，并且发现A相信B神智错乱而B相信A是医生。克雷格于是采取措施让其中一个人离开了这家疯人院。是哪一个人？为什么？

8.第八家疯人院

下一家疯人院实在是一个非常让人困惑的地方，但是克雷格最后设法弄清了事情的真相。他发现了下面的一些事实：

（1）给定任意两个居民A和B，A要么信任B要么不信任B。

（2）其中的某些居民是其他居民的老师。每一个居民至少有一个老师。

（3）没有一个居民A愿意做居民B的老师，除非A相信B信任他自己。

（4）对于任意一个居民A来说，有一个居民B信任并且仅仅信任所有那些至少有一个为A所信任的老师的居民。（换句话说，对于任意居民X来说，如果A信任X的某个老师，那么B信任X，而且除非A信任X的某个老师，否则B不信任X。）

（5）有一个居民信任所有病人而不信任任何一个医生。

克雷格探员认真考虑了好长一段时间，最后发现可以证明，要么其中一个病人神智健全要么其中一个医生神智错乱。你能够找到这个证明方法吗？

9. 第九家疯人院

在这家疯人院里面，克雷格探访了四个居民A、B、C、D。A相信B和C具有相同的神智状态。B相信A和D具有相同的神智状态。然后克雷格问C："你和D都是医生吗？"C回答说："不是。"

这家疯人院里面有什么不对劲的地方吗？

10. 第十家疯人院

克雷格探员发现这里的情况尽管难以破解，但也特别有趣。他发现的第一件事情是，这家疯人院的居民们已经组建了各种各样的委员会。他了解到医生和病人可以在同一个委员会里面任职，神智健全者和神智错乱者也可以在同一个委员会里任职。后来克雷格又发现了下面的一些事实：

（1）所有病人组成了一个委员会。

（2）所有医生组成了一个委员会。

（3）每一个居民在这个疯人院里面都有几个朋友，并且在他们当中有一个最好的朋友。每一个居民在这个疯人院里面还有几个敌人，并且在他们当中有一个最坏的敌人。

（4）给定任意的委员会C，他们各自最好的朋友在C里面的所有居民组成一个委员会，并且他们各自的最坏的敌人在C里面的所有居民也组成一个委员会。

（5）给定任意两个委员会C_1和C_2，至少有一个居民D，他最好的朋友相信D在C_1里面而他最坏的敌人相信D在C_2里面。

把所有这些事实放在一起，克雷格发现要么其中一个医生神智错乱要么其中一个病人神智健全，并且给出了一个精巧的证明。克雷格是如何证明这一点的呢？

11. 一个附加的谜题

克雷格在最后那家疯人院逗留了一段时间，因为某些别的问题引起了他的理论研究兴趣。比如，他很想知道所有神智健全的居民是否组成了一个委员会以及所有神智错乱的居民是否组成了一个委员会。他不能基于（1）（2）（3）（4）（5）这些事实解决这两个问题，但是他能够仅仅基于（3）（4）以及（5）证明这两群人不可能都分别组成了委员会。他是如何证明这一点的呢？

12. 关于同一家疯人院的另一个谜题

最后，克雷格发现可以证明关于这同一家疯人院的另外一件事情。他认为这件事情非常重要，实际上它可以用来简化最后两个问题的解法。这个事实就是，给定任意两个委员会C_1和C_2，必定有一个居民E和一个居民F，他们分别拥有以下的信念：E相信F在C_1里面任职，而F相信E在C_2里面任职。克雷格是如何证明这一点的呢？

13. 塔尔博士和费瑟尔教授的疯人院

克雷格发现他最后探访的那家疯人院是所有疯人院当中最为怪异的。这家疯人院由两位分别名叫塔尔的博士和费瑟尔的教授经营。工作人员当中还有其他医生。现在，如果一个居民相信他是一个病人，就被称为是特异的。一个居民就被称为特殊的，如果所有病人都相信他是特异的而且没有医生相信他是特殊的。克雷格探员发现，至少一个居民是神智健全的而且下列条件成立：

条件C：每一个居民在这个疯人院里面都有一个最好的朋友。另外，给定任意两个居民A和B，如果A相信B是特殊的，那么A最好的朋友相信B是一个病人。

在发现这点之后不久，克雷格探员分别和塔尔博士、费瑟尔教授进行了私密的会谈。和塔尔博士的会谈内容如下：

克雷格：告诉我，塔尔博士，这家疯人院里面的所有医生都是神智健全的吗？

塔尔：当然啰！

克雷格：病人们呢？他们都是神智错乱的吗？

塔尔：其中至少有一个是这样的。

塔尔博士的第二个回答当中的谨慎让克雷格有些吃惊！当然，如果所有病人都是神智错乱的，那么必然至少有一个是神智错乱的。但是为什么塔尔博士如此小心谨慎呢？

然后克雷格和费瑟尔教授进行了会谈，其内容如下：

克雷格：塔尔博士说这儿至少有一个病人是神智错乱的。的确是这样的吗？

费瑟尔教授：当然是真的啦！这家疯人院里面的所有病人都是神智错乱的！你以为我们正在经营的是一家什么样的疯人院呢？

克雷格：医生们呢？他们都是神智健全的吗？

费瑟尔教授：其中至少有一个是这样的。

克雷格：塔尔博士呢？他神智健全吗？

费瑟尔教授：当然了！你怎么敢问这样的问题呢？

至此，克雷格才充分意识到这家疯人院是如何的可怕！

如何的可怕呢？（那些读过埃德加·爱伦·坡的《塔尔博士和费瑟尔教授的疗法》的朋友们也许可以在给出确切的证明之前猜出这个问题的解答来。参见解答之后的评论。）

1. 我们将证明要么琼斯要么史密斯（我们不知道究竟是哪一个人）必定要么是神智错乱的医生，要么是神智健全的病人（我们仍然不知道究竟是哪一种情况）。琼斯要么神智健全要么神智错乱。假设他是神智健全的，那么他的信念就是正确的，从而史密斯就真的是一个医生。如果史密斯神智错乱，那么他是一个神智错乱的医生。如果史密斯神智健全，那么他的信念就是正确的，这也就意味着琼斯是一个病人而且是一个神智健全的病人（既然我们已经假设琼斯神智健全）。这就证明，如果琼斯是神智健全的，那么要么他是一个神智健全的病人，要么史密斯是一个神智错乱的医生。

假设琼斯神智错乱，那么他的信念是错误的，这就意味着史密斯是一个病人。如果史密斯神智健全，那么他是一个神智健全的病人。如果史密斯是神智错乱的，那么他的信念是错误的，这也就意味着琼斯是一个医生，因而是一个神智错乱的医生。这就证明，如果琼斯神智错乱，那么要么他是一个神智错乱的医生，要么史密斯是一个神智健全的病人。

概而言之，如果琼斯神智健全，那么要么他是一个神智健全的病人，要么史密斯是一个神智错乱的病人；而如果琼斯神智错乱，那么要么他是一个神智错乱的医生，要么史密斯是一个神智健全的病人。

2. 可以有多种解答。我能够想到的最简单的解答是，那个居民说了一句"我不是一个神智健全的医生"。然后我们来证明说话人必定是一个神智健全的病人，其证明如下：

一个神智错乱的医生不可能正确地相信他自己不是一个神智健全的医生。一个神智健全的医生不可能错误地相信他自己不是一个神智健全的医生。一个神智健全的病人不可能正确地相信他自己不是一个神智健全的医生（一个神智错乱的病人事实上不是一个神智健全的医生）。所以说话人就是一个神智健全的病人，并且他对于他自己不是一个神智健全的医生的信念是正确的。

　　3. 一个能够奏效的陈述是："我是一个神智错乱的病人。"一个神智健全的病人不可能错误地相信他自己是一个神智错乱的病人。一个神智错乱的病人不可能正确地相信他自己是一个神智错乱的病人。因而，说话人不是一个病人，他是一个医生。一个神智健全的医生绝不可能相信他自己是一个神智错乱的病人。因而，说话人是一个神智错乱的医生，他错误地相信他是一个神智错乱的病人。

　　4. 说话人相信他自己是一个病人。如果他神智健全，那么他实际上是一个病人，从而他就是一个神智健全的病人而不应该待在这家疯人院里面。如果他神智错乱，他的信念就是错误的，这也就意味着他不是一个病人而是一个医生，从而他是一个神智错乱的医生而不应该在这家疯人院里面任职。我们不可能明确判断他究竟是一个神智健全的病人还是一个神智错乱的医生，但是在这两种情况下他都不应该待在这家疯人院。

　　5. 这是一个非常迥异的情形！只因为说话人说他相信自己是一个病人并不一定意味着他确实相信自己是一个病人！既然他说他相

信自己是一个病人，并且他是诚实的，那么他相信"他相信自己是一个病人"。假设他是神智错乱的。那么他的所有信念，甚至包括那些关于他自己信念的信念，都是错误的，所以他对于他相信他自己是一个病人的相信就意味着他相信他自己是一个病人这一信念是错误的，因此他实际上相信自己是一个医生。既然他神智错乱并且相信他自己是一个医生，那么他事实上是一个病人。所以，如果他是神智错乱的，那么他就是一个神智错乱的病人。另一方面，假设他是神智健全的。既然他相信他所相信的自己是一个病人，那么他就真的相信自己是一个病人。既然他相信自己是一个病人，那么他就是一个病人。所以，如果他神智健全，他依然还是一个病人。我们因此看到他可能要么是一个神智健全的病人要么是一个神智错乱的病人，而我们还没有足够的理由断定这家疯人院有什么不对劲的地方。

广而言之，我们可以注意到以下基本事实。其一，如果这家疯人院的一个居民相信某件事情，那么某件事情是真还是假就取决于这个相信者的神智是健全的还是错乱的。其二，但是如果一个居民相信他自己相信某件事情，那么不管这个相信者的神智是健全的还是错乱的，某件事情必定就是真的。（如果他神智错乱，那么类比于负负得正，那两个信念就会彼此抵消。）

6. 在这种情形里面，说话人既没有断言他是一个病人，也没有断言他相信他自己是一个病人，而是断言他相信"他自己相信他是一个病人"。既然他相信他所断言的东西，那么他相信"他自己相信他相信他是一个病人"。前面两个信念彼此抵消（参见第五个问题的解答的最后一段），所以事实上他相信他自己是一个病人。这个问题就划归为第四家疯人院的问题，而那个问题我们已经解决（说话人必定要么是一个神智健全的病人要么是一个神智错乱的医生）。

7. 克雷格让A离开了疯人院。理由如下：假设A神智健全。那么他对于B神智错乱的信念就是正确的。既然B神智错乱，那么他对于A是一个医生的信念就是错误的，所以A是一个神智健全的病人，也就应该让他离开。另一方面，假设A神智错乱。那么他对于B神智错乱的信念就是错误的，所以B是神智健全的。那么B对于A是一个医生的信念就是正确的，所以在这样的情况下A是一个神智错乱的医生，也就应该让他离开。

对于B，我们则根本不能推断出什么东西来。

8. 根据条件（5），有一个居民，比如叫亚瑟，他信任所有病人而不信任何一个医生。根据条件（4），有一个居民，比如叫比尔，他信任和仅仅信任那些至少有一个为亚瑟所信任的老师的居民。这意味着对于任意居民X来说，如果比尔信任X，那么亚瑟至少信任X的一个老师，而如果比尔不信任X，那么亚瑟不信任X的任何一个老师。既然根据条件（5），为亚瑟所信任和是一个病人这两件事是同一回事，那么我们可以这样重述上面的最后一句话：对任意居民X来说，如果比尔信任X，那么至少有一个X的老师是病人，而如果比尔不信任X，那么X的所有老师都不是病人。现在，既然这对每一个居民来说都是成立的，那么它在X就是比尔自己的时候也是成立的。因而，我们知道下面两件事情：

（1）如果比尔相信他自己，那么比尔的老师当中至少有一个是病人。

（2）如果比尔不信任他自己，那么比尔的所有老师都不是病人。

有两种可能：要么比尔相信他自己，要么他不相信自己。让我们来看看每一种情况分别意味着什么。

情形1——比尔相信他自己，那么比尔至少有一个老师，比如叫彼得，他是一个病人。既然彼得是比尔的老师，那么根据条件（3），彼得相信比尔信任他自己。哦，比尔确实信任他自己，所以彼得的信念是正确的，他也就是神智健全的。因而，彼得是一个神智健全的病人，也就不应该待在这家疯人院里面。

情形2——比尔不信任他自己：这个情形当中，比尔的所有老师都不是病人。像其他居民一样，比尔也至少有一个老师，比如叫理查德。那么理查德必定是一个医生。既然理查德是比尔的老师，那么理查德相信比尔信任他自己。他的信念就是错误的，因而理查德是神智错乱的。所以理查德是一个神智错乱的医生，也就不应该在疯人院里面任职。

总而言之，如果比尔相信他自己，那么至少有一个病人是神智健全的，而如果比尔不信任他自己，那么至少有一个医生是神智错乱的。既然我们不知道比尔是否信任他自己，我们也就不知道这家疯人院究竟是如何不对劲的：究竟是有一个神智健全的病人，还是有一个神智错乱的医生呢？

9. 我们将首先证明C和D具有相同的神智状态。

假设A和B都是神智健全的，那么B和C的神智状态就是真正相同的，并且A和D的神智状态也是真正相同的。这意味着四个人都是神智健全的，从而在此情况下，C和D都是神智健全的，也就具有相同的神智状态。现在假设A和B都是神智错乱的，那么B和C的神智状态不同，并且A和D的神智状态也不同，从而C和D都是神智健全的，也就再一次具有相同的神智状态。现在假设A神智健全而B神智错乱，那么B和C的神智状态相同，因此C是神智错乱的，但是A和D的神智状态不同，这也就意味着D也是神智错乱的。最后，假设A神智错乱而B神智健全，那么B和C的神智状态不同，因此C是神智错乱的，但是A和D的神智状态相同，因而D也是神智错乱的。

概括起来，如果A和B的神智状态相同，那么C和D都是神智健全的，而如果A和B的神智状态不同，那么C和D都是神智错乱的。

因此，我们已经确证C和D要么都神智健全要么都神智错乱。假设他们都是神智健全的，那么C对于他自己和D并不都是医生的陈述就是真的，这也就意味着他们当中至少有一个是病人，并且是神智健全的病人。如果C和D都是神智错乱的，那么C的陈述就是假的，这也就意味着他们都是医生，并且都是神智错乱的医生。因而，这家疯人院里面要么至少有一个神智健全的病人，要么至少有两个神智错乱的医生。

10，11，12. 首先来看问题11和12，因为解决问题10最容易的方法就是从解决问题12开始。

开始之前，我首先需要指出一个有用的原则：假设我们有两个陈述X和Y，已知它们要么同真要么同假，那么对于这家疯人院的任意一个居民来说，如果他相信其中一个陈述，他必然也就相信另外一个陈述。理由如下：

如果这两个陈述都是真的，那么相信其中之一的任何一个居民就必定是神智健全的，因而必定也相信另外一个同样为真的陈述。

如果这两个陈述都是假的,那么相信其中之一的任何一个居民就必定是神智错乱的,并且因为另外一个陈述也是假的,这个居民必定也相信它。

现在让我们来解决问题12。取定任意两个委员会C_1和C_2。设U为他们各自最坏的敌人属于C_1的所有居民构成的群组,V为他们各自最好的朋友属于C_2的所有居民构成的群组。依照事实(4),U和V又都是委员会。因而,依照事实(5),就有某个居民比如叫丹,他最好的朋友比如叫爱德华,爱德华相信丹在U当中,而他最坏的敌人,比如叫弗雷德,则相信丹在V当中。因此,爱德华相信丹在委员会U当中而弗雷德相信丹在委员会V当中。现在,根据U的定义,说丹在U当中也就等于说他最坏的敌人弗雷德在C_1当中,换句话说,"丹在U当中"和"弗雷德在C_1当中"这两个陈述要么同真要么同假。既然爱德华相信其中一个,也就是丹在U中,那么他必定也相信另外一个,也就是弗雷德在C_1当中(请回忆我们的预备原则!)。所以爱德华相信弗雷德在C_1当中。

另一方面,弗雷德相信丹在委员会V当中。现在,如果丹在V当中,那么根据V的定义,他的朋友爱德华就在C_2当中。换句话说,这两件事情要么同真要么同假。那么,既然弗雷德相信丹在V当中,弗雷德必定也相信爱德华在C_2当中。因此,我们有两个居民爱德华和弗雷德,他们分别拥有以下信念:爱德华相信弗雷德在C_1当中,而弗雷德相信爱德华在C_2当中。这就解决了问题12。

为了解决问题10,让我们现在在取定所有病人构成的群组为C_1,所有医生构成的群组为C_2,并且根据事实(1)和事实(2),C_1和C_2都是委员会。依照问题12的解答,有两个居民爱德华和弗雷德,他们分别拥有下面的信念:爱德华相信弗雷德在所有病人构成的C_1

当中，而弗雷德相信爱德华在所有医生构成的C_2当中。换句话说，爱德华相信弗雷德是一个病人而弗雷德相信爱德华是一个医生。那么，依照问题1（依然采用爱德华和弗雷德而不是琼斯和史密斯来作为临时的命名方式），两者之一，爱德华或者弗雷德（我们不知道是哪一个）必定要么是神智错乱的医生要么是神智健全的病人。所以这家疯人院肯定有什么地方不对劲。

至于问题11，假设所有神智健全的居民构成的群组和所有神智错乱的居民构成的群组都是委员会，分别名为C_1和C_2。那么依照问题12，爱德华和弗雷德这两个居民就会分别拥有以下信念：（a）爱德华相信弗雷德是神智健全的，换言之，是C_1的会员；（b）弗雷德相信爱德华是神智错乱的，换言之，是C_2的会员。这是不可能的。因为如果爱德华神智健全，他的信念就是真的，这也就意味着弗雷德神智错乱，因而弗雷德的信念是正确的，这也就意味着爱德华神智错乱。所以如果爱德华是神智健全的，那么他也是神智错乱的，而这是不可能的。另一方面，如果爱德华神智错乱，那么他对弗雷德的信念就是错的，这也就意味着弗雷德神智错乱，因而弗雷德对爱德华的信念也是错的，这也就意味着爱德华神智健全。所以如果爱德华是神智错乱的，那么他也是神智健全的，这同样是不可能的。因此，对神智健全的居民构成的群组以及神智错乱的居民构成的群组都是委员会的假设导致了矛盾。因此，这两个群组不可能都是委员会。

13. 克雷格所认识到的并让他感到恐惧的是，在这家疯人院里面，所有医生都是神智错乱的而所有病人都是神智健全的！他是通过下面的推理方式得到这个结论的：

早在他跟塔尔博士和费瑟尔教授会谈之前，他就知道这里至少有一个神智健全的居民，比如叫A。现在设B为A最好的朋友。根据条件C，如果A相信B是特殊的，那么A最好的朋友相信B是一个病人。既然A最好的朋友是B，如果A相信B是特殊的，那么B相信B是一个病人。换句话说，如果A相信B是特殊的，那么B是特异的。既然A是神智健全的，那么A之相信B是特殊的就相当于B之事实上就是特殊的。因而，我们有下列关键事实：

如果B是特殊的，那么B也是特异的。

现在B要么是特异的要么不是特异的。如果他是特异的，那么他相信他自己是一个病人，并且因此（参见问题4）他必定要么是一个神智错乱的医生要么是一个神智健全的病人：任何一种情况下，他都不应该待在这家疯人院里面。但是假设B不是特异的，又会如何呢？哦，如果B不是特异的，那么他也不是特殊的，因为依照上面的"关键事实"，B仅仅可能在他也是特异的时候是特殊的。所以B既不是特异的也不是特殊的。既然他不是特殊的，那么所有病人都相信他是特异的而没有一个医生相信他是特殊的这两个假定就不可能同时为真，也就是说其中至少一个为假。假设第一个假定是假的，那么至少有一个病人，比如叫P，不相信B是特异的。如果P是神智错乱的，那么因为B不是特异的，他就会相信B是特异的。因而，P是神智健全的。这就意味着P是一个神智健全的病人。如果第二个假定是假的，那么至少有一个医生，比如叫D，相信B是特异的。那么因为B不是特异的，D必定是神智错乱的，所以D是一个神智错乱的医生。

总而言之，如果B是特异的，那么他要么是一个神智健全的病人要么是一个神智错乱的医生。如果B不是特异的，那么要么某个神智健全的病人P不相信B是特异的，要么某个神智错乱的医生D相信B是特异的。因而这个疯人院里面必定要么有一个神智健全的病人要么有一个神智错乱的医生。

　　如我前面所说[1]，克雷格在跟塔尔博士和费瑟尔教授会谈之前就认识到了上面这个问题。现在，塔尔博士相信所有医生都是神智健全的，而费瑟尔教授相信所有病人都是神智错乱的。我们已经证明他们不可能同时正确，因而他们两个人当中至少有一个是神智错乱的。还有，费瑟尔教授相信塔尔博士是神智健全的。如果费瑟尔教授是神智健全的，那么他一定是对的，而塔尔博士也会是神智健全的，但是我们由他们两个人不可能同时神智健全就可以知道这不是真的。因而，费瑟尔教授一定是神智错乱的。那么他对于塔尔博士神智健全的信念就是错误的，因此塔尔博士也是神智错乱的。这就证明了塔尔博士和费瑟尔教授都是神智错乱的。

　　既然塔尔博士是神智错乱的，而他相信至少有一个病人是神智错乱的，那么事实上所有病人必定都是神智健全的。既然费瑟尔教授是神智错乱的，而他相信至少有一个医生是神智健全的，那么事实上所有医生都是神智错乱的。这就证明了所有病人都是神智健全的而所有医生都是神智错乱的。

　　评论：当然，这个谜题是受了埃德加·爱伦·坡的故事《塔尔博士和费瑟尔教授的疗法》的启发。在那个故事里面，一个疯人院的所有病人设法战胜了所有医生和工作人员，把他们浑身涂上柏油并黏上羽毛然后投入病人的牢房，并且顶替起他们的角色来。

1　这是作者的一个失误，因为他在前面并没有提到这一点。——译者注

第四章

克雷格探员造访特兰西瓦尼亚

　　在经历了最近的那些冒险之后一周，克雷格正准备返回伦敦的时候，他突然接到从特兰西瓦尼亚政府发来的电报，迫切地请求他到特兰西瓦尼亚帮忙解决一些让人困惑的吸血鬼案。现在，正如我在我以前的一本逻辑谜题书《这本书叫什么？》当中解释过的那样，特兰西瓦尼亚居住着吸血鬼和人，吸血鬼总是撒谎而人总是讲真话。但是，其中的一半居民既有人也有吸血鬼，他们就像塔尔博士和费瑟尔教授的疯人院里面的疯狂居民一样，都是神智错乱的，而且完全沉溺于他们的虚幻信念之中——所有他们信以为假的都是真命题而所有他们信以为真的都是假命题。另一半居民正如第三章的疯人院当中神智健全的居民那样，则是完全神智健全的，并且在他们的判断上完全正确——所有他们知其为真的都是真命题而所有他们知其为假的都是假命题。

　　当然，特兰西瓦尼亚的逻辑远比那些疯人院的逻辑复杂得多，因为在那些疯人院里面，居民至少都是诚实的，他们做出虚假陈述仅仅出于错觉而从来不会出于恶意。但是当一个特兰西瓦尼亚居民做出一个虚假陈述的时候，却既可能出于错觉也可能出于恶意。神智健全的人和神智错乱的吸血鬼所做的陈述都是真实的，而神智错

蒙特卡洛之锁：小谜题大逻辑

乱的人和神智健全的吸血鬼所做的陈述都是虚假的。比如，如果你问一个特兰西瓦尼亚居民地球是不是圆的（而不是扁的），一个神智健全的人知道地球是圆的并且会如实地回答。一个神智错乱的人相信地球不是圆的，并且会如实地表达他的信念而说它不是圆的。一个神智健全的吸血鬼知道地球是圆的，他却会撒谎说它不是圆的。但是一个神智错乱的吸血鬼相信地球不是圆的，就会撒谎说它是圆的。因而在回答任何问题的方式上，一个神智错乱的吸血鬼就和一个神智健全的人是相同的，而一个神智错乱的人就和一个神智健全的吸血鬼是相同的。

幸运的是，克雷格的兴趣范围和知识范围十分广阔，他对吸血鬼习性的通晓一如他对逻辑的通晓。当他抵达特兰西尼亚的时候，当地官员（他们都是一些神智健全的人）告诉他总共有10个案子需要得到他的帮助，并且请求他来负责调查。

·开头的五个案子·

这些案子当中的每一个都和两个居民有关。在每一个案子里面，已知的是其中一个居民是吸血鬼而另一个居民是人，但是未知的是究竟哪一个是哪一个（或者也许我应该说哪一个是女巫[1]）。除了第5个案子以外，我们对于相应的那两个居民的神智状态健全与否都一无所知。

1　"哪一个"（which）和"女巫"（witch）对应的英语单词发音相同，在这里用作一个文字游戏。——译者注

1.露西和明娜的案子

第一个案子牵涉名叫露西和明娜的姐妹，克雷格不得不设法找出她们当中哪一个是吸血鬼。正如上面指出的那样，我们对她们的神智状态健全与否一无所知。下面是那次调查的对话记录：

克雷格（对露西说）：跟我谈谈你们自己的事情吧。

露西：我们都是神智混乱的。

克雷格（对明娜说）：那是真的吗？

明娜：当然不是！

由此，克雷格可以令人信服地证明姐妹当中的哪一个是吸血鬼。是哪一个呢？

2.卢格西兄弟的案子

接下来的就是卢格西兄弟的案子。他们的名字都叫贝拉。同样，一个是吸血鬼而另外一个不是。他们做出了以下陈述：

大贝拉：我是人。

小贝拉：我是人。

大贝拉：我的弟弟是神智健全的。

哪一个是吸血鬼呢？

3.迈克尔·卡洛夫和彼得·卡洛夫的案子

这一个案子涉及另外一对兄弟，迈克尔·卡洛夫和彼得·卡洛夫。他们是这样说的：

迈克尔·卡洛夫：我是吸血鬼。

彼得·卡洛夫：我是人。

迈克尔·卡洛夫：我的兄弟和我拥有相同的神智状态。

哪一个是吸血鬼呢？

4.屠格涅夫的案子

这一个案子涉及姓屠格涅夫的一父一子。下面就是那次询问的对话记录：

克雷格（对父亲说）：你们两个是要么都神智健全要么都神智错乱呢，还是你们在这方面有所不同呢？

父亲：我们当中至少有一个是神智错乱的。

儿子：那非常对！

父亲：当然啰，我不是吸血鬼。

哪一个是吸血鬼呢？

5.卡尔·德古拉和玛莎·德古拉的案子

这组案子当中的最后一个牵涉一对双胞胎，卡尔·德古拉和玛莎·德古拉（我可以向你保证，他们跟德古拉伯爵[1]没有关系！）这个案子有趣的地方在于我们不光已经知道他们其中一个是人而另一个是吸血鬼，还知道其中一个神智健全而另一个神智错乱——尽管克雷格不知道哪一个是哪一个。他们是这样说的：

---

1 德古拉是最为著名的一个吸血鬼形象，他是由爱尔兰作家布拉姆·斯托克在1897年的同名小说《德古拉》当中创造出来的。——译者注

卡尔：我的妹妹是一个吸血鬼。

玛莎：我的哥哥是神智错乱的。

哪一个是吸血鬼呢?

·五对已婚夫妇·

接下来的五个案子当中的每一个都涉及一对已婚夫妇。现在，正如你可能或者可能不知道的那样，在特兰西瓦尼亚，人和吸血鬼通婚是非法的，因而所有的已婚夫妇要么都是人要么都是吸血鬼。在这些案子当中，正如在问题1到问题4当中那样，我们对他们每个人的神智状态都一无所知。

6. 西尔文·奈崔特[1]和西尔维亚·奈崔特的案子

这组当中的第一个案子是西尔文·奈崔特和西尔维亚·奈崔特的案子。正如已经解释的那样，他们要么都是人要么都是吸血鬼。下面是克雷格的询问记录:

克雷格（对奈崔特夫人说）：跟我谈谈你们自己的事情吧。

西尔维亚：我的丈夫是人。

西尔文：我的妻子是吸血鬼。

西尔维亚：我们当中有一个神智健全而有一个神智错乱。

他们都是人，还是吸血鬼呢?

1　有趣的是，"西尔文"和"奈崔特"对应的原文是两个化学术语——sylvan（邻甲呋）和nitrate（硝酸盐）。——译者注

7. 乔治·格洛彪和格洛里亚·格洛彪

接下来的案子牵涉格洛彪夫妇。

克雷格：跟我谈谈你们自己的事情吧。

格洛里亚：无论我丈夫说的是什么，都是真的。

乔治：我的妻子神智错乱。

克雷格并不觉得那个丈夫的话说的有多么英勇，但是他们的这两句证词已经足够解决这个案子了。

这是一对人，还是一对吸血鬼呢？

8. 鲍里斯·范派尔和多萝西·范派尔的案子

特兰西瓦尼亚的警察局局长对克雷格探员说："重要的是，不要让嫌疑人的姓氏[1]影响了你对这个案子的判断。"

他们的回答是这样的：

鲍里斯·范派尔：我们都是吸血鬼。

多萝西·范派尔：是的，我们都是吸血鬼。

鲍里斯·范派尔：就我们的神智状态而言，我们是相同的。

我们正在讨论的这对夫妇都是人，还是吸血鬼呢？

9. 亚瑟·史维特和莉莲·史维特的案子

接下来的案子涉及一对名叫亚瑟·史维特和莉莲·史维特的外

1　范派尔的原文"vampyre"是"vampire"（吸血鬼）的一个变体。——译者注

国（也就是相对于特兰西瓦尼亚来说的外国[1]）夫妇。他们的证词如下：

亚瑟：我们都是神智错乱的。

莉莲：他说的是真的。

亚瑟和莉莲都是人，还是吸血鬼呢？

10. 路易·伯德克里夫和玛努艾拉·伯德克里夫的案子

下面是伯德克里夫夫妇的证词：

路易：我们当中至少有一个是神智错乱的。

玛努艾拉：那不是真的！

路易：我们都是人。

路易和玛努艾拉都是人，还是吸血鬼呢？

·两个始料未及的谜题·

11. A和B的案子

当一个特兰西瓦尼亚官员完全出乎意料地冲进克雷格探员的屋子，乞求他再多待一天以帮忙解决一个刚刚出现的新案子的时候，克雷格正一边因为所有这些让人不愉快的案子终于了结而感到解脱，一边收拾他的东西准备返回伦敦。虽然克雷格肯定不喜欢这个主意，然而他觉得他的职责就是提供可能的帮助，所以他答应了。

1　尽管他们是外国人，由于他们居住在特兰西瓦尼亚，他们仍然被称为特兰西瓦尼亚居民。——译者注

有两个相貌可疑的家伙刚刚被特兰西瓦尼亚警方抓起来了。他们碰巧都是显赫的人物，而克雷格要求我不要透露他们的名字和性别，所以我将只称呼他们为A和B。与前面十个案子不同的是，我们对他们之间的关系事先一无所知。他们可能都是吸血鬼，或者可能都是人，或者可能一个是吸血鬼而另一个是人。他们也可能都是神智健全的，或者都是神智错乱的，或者可能一个是神智健全的而另一个是神智错乱的。

审问的时候，A说B是神智健全的，而B则断言A是神智错乱的。然后A断言B是一个吸血鬼，而B则断言A是人。

我们能够推断出A和B的什么情况呢？

12. 两个特兰西瓦尼亚哲学家

庆幸于那些奇异的审判终于结束，克雷格惬意地坐在特兰西瓦尼亚火车站里面，等待着那趟将把他带离这个国度的火车。他是如此急切地盼望回到伦敦呀！正在此时，他听到两个特兰西瓦尼亚哲学家的争吵，他们正在热烈地讨论着下面的问题：

假设在特兰西瓦尼亚有一对同卵双胞胎，已知其中一个是神智健全的人而另一个是神智错乱的吸血鬼。假设你只和他们当中的一个会面并且想找出他是哪一个。向他提出一些是否问题[1]能够做到这一点吗？第一个哲学家坚持，既然对任意一个问题，双胞胎当中的一个给出的回答总是和另外一个相同，那么任意数量的问题都

1　期望答案是"是"和"否"这两类词语之一的问题。——译者注

不能够完成这个任务。也就是说，给定任意问题，如果正确的回答是"是"，那么那个神智健全的人知道答案是"是"因而会如实地回答"是"，而那个神智错乱的吸血鬼以为正确的答案是"否"因而会撒谎说"是"。同样地，如果对那个问题的正确的回答是"否"，那么那个神智健全的人会回答"否"，而那个神智错乱的吸血鬼以为正确的答案是"是"因此会撒谎也说"否"。因而，通过他们的外在语言行为无法区分这两兄弟，尽管他们的心智是以截然不同的方式工作着的。所以，第一个哲学家争辩说，没有问题可以把他们区分开来——也许使用测谎仪的情况除外。

第二个哲学家不同意。事实上，他并没有提出任何论据来支持他自己的立场。他所说的话就只有一句，"让我询问这两兄弟之中的一个，然后我就会告诉你他是哪一个。"

克雷格探员坐在他的车厢里面，好一会儿都在思考哪一个哲学家是对的。他最后意识到是第二个哲学家对了：如果你遇见这对双胞胎当中的一个，你确实能够通过询问一些是否问题找出你正在对话的那个是哪一个，而且没有必要使用测谎仪。这就带来下面两个问题：

（1）你最少需要提多少个问题呢？

（2）而更为有趣的是，第一个哲学家的论证刚好错在哪里呢？

有一个需要在下面的几个解答当中用到的原则，现在我们要把它事先确立起来。那就是，如果一个特兰西瓦尼亚居民说他是人，那么他必定是神智健全的，而如果他说他是一个吸血鬼，那么他必定是神智错乱的。原因如下：

假设他说他是人。现在，他的陈述要么真要么假。如果他的陈述是真的，那么他实际上就是人，但是所有做真实陈述的人都是神智健全的人，所以在此情况下他就是神智健全的。另一方面，如果他的陈述是假的，那么他实际上就是一个吸血鬼，但是所有做虚假陈述的吸血鬼都是神智健全的吸血鬼（正如神智健全的人一样，神智错乱的吸血鬼所做陈述为真），所以他还是神智健全的。这就证明了，如果一个特兰西瓦尼亚居民断言自己是人，那么不管他实际上是人与否，他必定是神智健全的。

假设一个特兰西瓦尼亚居民断言自己是一个吸血鬼，又会如何呢？哦，如果他的断言为真，那么他实际上就是一个吸血鬼，但是所有做真实断言的吸血鬼都是神智错乱的吸血鬼。如果他的断言为假，那么他实际上就是人，但是所有做虚假断言的人都是神智错乱的人，所以在此情况下他还是神智错乱的。因此，任何断言自己是一个吸血鬼的特兰西瓦尼亚居民都是神智错乱的。

我们相信读者朋友们能够自己验证下面的事实：任何断言自己神智健全的特兰西瓦尼亚居民事实上是人，而任何断言自己神智错乱的特兰西瓦尼亚居民事实上是吸血鬼。

现在让我们来看这些问题的解答。

1.露西的陈述非真即假。如果它为真，那么姐妹俩实际上都是神智错乱的，从而露西神智错乱，而且所有做真实陈述的神智错乱的特兰西瓦尼亚居民都是神智错乱的吸血鬼。所以，如果露西的陈述是真的，那么露西就是一个吸血鬼。

假设露西的陈述为假，那么姐妹俩当中至少有一个是神智健全的。如果露西是神智健全的，那么由于她已经做了一个虚假陈述而神智健全的人所做陈述全部为真，那么她必定是一个吸血鬼。假设露西是神智错乱的，那么明娜必定就是那个神智健全者。并且，明娜做了一个和露西的虚假陈述针锋相对的真实陈述。因而，明娜是神智健全的并且做了一个真实陈述，于是她就是人，而露西必定还是吸血鬼。

这就证明了不管露西的陈述是真是假，露西都是吸血鬼。

2. 我们已经确立了"任何说他自己是人的特兰西瓦尼亚居民必定是神智健全的，而任何说他是吸血鬼的特兰西瓦尼亚居民必定是神智错乱的"这一原则（参见这些解答前面的讨论）。现在卢格西兄弟都断言他们自己是人，那么他们都是神智健全的。因此，当大贝拉说他的弟弟神智健全的时候他做了一个真实陈述。所以大贝拉不仅神智健全而且他所做的陈述都是真的，从而他是人。因而，小贝拉就是吸血鬼。

3. 由于迈克尔断言自己是一个吸血鬼，那么他是神智错乱的，而由于彼得断言自己是人，那么他是神智健全的。所以迈克尔神智错乱而彼得神智健全，兄弟俩的神智状态也就不同。因而，迈克尔的第二个陈述是假的，并且由于迈克尔神智错乱而神智错乱的吸血鬼所做陈述全部为真，那么他必定是人。因而，彼得才是吸血鬼。

4. 父亲和儿子对他们神智状态的问题的回答是一致的。这就意味着他们要么都做了真实陈述要么都做了虚假陈述。但是，既然他们当中一个是人而另一个是吸血鬼，他们必定拥有不同的神智状态：如果他们都是神智健全的，其中的人就会做真实陈述而吸血鬼就会做虚假陈述，他们也就不会达成一致；如果他们都是神智错乱的，其中的人就会做虚假陈述而吸血鬼就会做真实陈述，他们依然也不会达成一致。因而，实际情况是其中至少有一个是神智错乱的。这就证明了他们所做陈述都是真实的。于是，由于父亲说他自己不是吸血鬼，那么他实际上就不是。所以儿子才是吸血鬼。

5. 假设玛莎是吸血鬼，那么卡尔就是人，而卡尔还做了真实陈述，从而在此情况下卡尔就必定是一个神智健全的人。既然正如我们被告知的那样，卡尔和玛莎拥有不同的神智状态，那么玛莎就是一个神智错乱的吸血鬼。但是另一方面，玛莎，一个神智错乱的吸血鬼，对卡尔是神智错乱的陈述也就是假的，而这是神智错乱的吸血鬼无法做到的。因而，玛莎是一个吸血鬼这一假定导致了矛盾。所以卡尔才是那个吸血鬼。

我们也可以判定他们是否神智健全。卡尔做了一个虚假陈述，从而作为一个吸血鬼，他就是神智健全的。然而玛莎也做了一个虚假陈述，从而作为人，她就是神智错乱的。所以完整的答案是，卡尔是一个神智健全的吸血鬼而玛莎是一个神智错乱的人，当卡尔说他的妹妹是一个吸血鬼的时候他就在撒谎，而玛莎在说她的哥哥神智错乱的时候她是被自己给蒙蔽了。（即便在特兰西瓦尼亚这个地方，他们也是非常奇特的一对儿吧！）

6. 现在我们处于要么两个都是吸血鬼要么两个都是人的情境之中。因而前面两个陈述既不可能都是真的，也不可能都是假的（因为如果它们都是假的，西尔文就是一个吸血鬼而西尔维亚就是人）。所以两个陈述之一是对的而另一个是假的。这就意味着他们其中一个是神智健全的而另一个是神智错乱的（因为如果他们都是神智健全的，那么他们的陈述就会在他们都是人的时候都真，在他们都是吸血鬼的时候都假）。因而，当西尔维亚说他们其中一个神智健全而另一个神智错乱的时候她是对的。这就意味着西尔维亚所做陈述为真。因而她对她的丈夫是人的陈述就是真的。这就意味着他们都是人（并且顺便说一句，西尔维亚是神智健全的而西尔文是神智错乱的）。

7. 格洛里亚说"无论我丈夫说的是什么，都是真的"，这也就意味着她同意他对她神智错乱的陈述，换句话说，格洛里亚间接断言自己是神智错乱的。正如我们在这些解答之前给出的讨论中证明的那样，只有吸血鬼能够做出这样的断言，由此格洛里亚必定就是一个吸血鬼。因而，他们都是吸血鬼。

8. 假设他们是人。那么他们对他们都是吸血鬼的陈述就都是假的，这也就意味着他们都是神智错乱的人。这也就意味着他们在神智状态上是相同的，因而鲍里斯的第二个陈述是真的，然而一个神智错乱的人不可能做出真实陈述。因此，他们不可能都是人，他们也就都是吸血鬼并且是神智错乱的吸血鬼。

9. 假设他们是人。一个神智健全的人不可能说自己和别人都是神智错乱的,因而他们也就必定都是神智错乱的人。那么你就会发现神智错乱的人做出了他们都神智错乱的真实陈述,而这是不可能的。因而,他们不可能是人,他们也就都是吸血鬼。(他们可能,要么作为神智健全的吸血鬼在说他们自己都神智错乱的时候撒谎,要么作为神智错乱的吸血鬼做出他们都神智错乱的真实陈述。记住神智错乱的吸血鬼所做陈述总是真的,尽管他们并不打算那样做!)

10. 路易和玛努艾拉的陈述互相矛盾,其中一个必定是对的而另一个就必定是错的。因而其中一个所做陈述为真而另一个所做陈述为假。既然他们要么都是人要么都是吸血鬼,又因为如果他们都是神智健全的,就会在他们都是人的情况下都做出真实陈述,而在他们都是吸血鬼的情况下都做出虚假陈述,那么真实情况必然是他们当中至少一个是神智错乱的。所以当路易说两者当中至少有一个神智错乱的时候,他的陈述就是真的。因而路易所做陈述为真,那么当他说他们都是人的时候,他的这个陈述同样也是真的。这就证明了他们都是人(并且顺便说一句,路易是神智健全的,而玛努艾拉则是神智错乱的。)

11. 如果一个特兰西瓦尼亚居民所做陈述是正确的,那么我们就称他是可靠的,而如果他所做陈述是不正确的,那么我们就称他为不可靠的。可靠的特兰西瓦尼亚居民要么是神智健全的人要么是神智错乱的吸血鬼,而不可靠的特兰西瓦尼亚居民要么是神智错乱的人要么是神智健全的吸血鬼。现在,A断言B是神智健全的,还断言B是一个吸血鬼。A的两个陈述要么都真要么都假。如果它们都是真的，那么B是一个神智健全的吸血鬼，这也就意味着B是不可靠的。另一方面，如果A的断言都是假的，那么B必定是一个神智错乱的人，也同样意味着B是不可靠的。所以无论A的断言是都真还是都假，B都是不可靠的。因而B的断言都是假的，A也就既不是神智错乱的也不是人，因此A必定就是一个神智健全的吸血鬼。这就同样意味着A是不可靠的，所以A的断言都是假的，也就意味着B必定是一个神智错乱的人。所以答案是，A是一个神智健全的吸血鬼而B是一个神智错乱的人。

顺便说几句，这个问题仅仅是我们可以设计出来的十六个都有唯一解答并且都有相似性质的问题当中的一个。无论A分别对B的神智状态以及B是人还是吸血鬼的性质做出什么样的陈述，无论B分别对A的神智状态以及A是人还是吸血鬼的性质做出什么样的陈述，这四个陈述的组合——这样的组合有十六种可能性——就将唯一确定A和B的准确特征。比如，如果A说B是人而且说B是神智健全的，B说A是一个吸血鬼而且说A是神智错乱的，那么相应的答案就是B是一个神智健全的人而A是一个神智错乱的吸血鬼。再假设A说B是神智健全的而且说B是一个吸血鬼，B说A是神智错乱的而且说A是一个吸血鬼，那么A和B的准确特征分别是什么呢？答案就是：A是一个神智健全的人而B是一个神智健全的吸血鬼。

你已经明白如何解决这十六个可能问题当中的每一个以及为什么每一个都必定有一个唯一的解答了吗？如果还没有明白，可以按照下面的方法来理解。A能够做出四种关于B的可能陈述的两两组合，也就是：① B是神智健全的，B是人；② B是神智健全的，B是一个吸血鬼；③ B是神智错乱的，B是人；④ B是神智错乱的，B是一个吸血鬼。在这四种情况之下的每一种里面，我们都能确定B是否可靠。在第①种情况下，不管A的陈述是都真还是都假，B必定是可靠的——因为如果A的陈述都真，B是一个神智健全的人而且因此也是可靠的；而如果都假，B是一个神智错乱的吸血鬼，因而还是可靠的。同样地，在第④种情况下，B必定是可靠的。另一方面，在第②和第③种情况下，B必然是不可靠的。所以从A的两个陈述我们总是能够确定B的可靠性。以同样的方法，从B的两个陈述我们能够确定A的可靠性。那么，当我们知道A和B各自的可靠性时，我们就知道他们的四个陈述当中哪些是真的而哪些是假的，因而问题也就得到了解决。

我还可以说一句的是，如果A和B两个人不是分别做出关于对方的两个陈述，而是做出那两个陈述的合取[1]，那么这个问题就会是无法解决的。比如，如果A不是做出两个独立的陈述"B是神智健全的"和"B是一个吸血鬼"，而是说"B是一个神智健全的吸血鬼"，我们就无法推断出B是否可靠。这是因为如果A的陈述正确，B就是一个神智健全的吸血鬼，但是如果A的陈述不正确，B就可能要么是一个神智错乱的吸血鬼要么是一个神智健全的人要么是一个神智错乱的人。

12. 一个问题足矣！你只需要问他的是，"你是人吗"（或者"你神智健全吗"以及"你是一个神智健全的人吗"）。假设你问他，"你是人吗"，哦，如果和你正在对话的是神智健全的人，他当然会回答"是"。但是假设和你正在对话的是神智错乱的吸血鬼，作为一个神智错乱者，他就会错误地相信他是人，而作为一

---

1 陈述"P"和"Q"的合取就相当于陈述"P和Q"。——译者注

个吸血鬼，他就会撒谎说"否"。所以神智健全的人会回答"是"而神智错乱的吸血鬼会回答"否"。因而，如果你得到的回答是"是"，你就会知道他是一个神智健全的人，而如果你得到的回答是"否"，你就会知道他是一个神智错乱的吸血鬼。

现在，更为有趣的是，第一个哲学家的论证错在哪里呢？当第一个哲学家说"如果你问那兄弟俩相同的问题你会得到相同的答案"这样的话时，他必定是对的。这个哲学家没有认识到的是，如果你向那兄弟俩都问"你是人吗"，你实际上问的并不是相同的问题而是两个不同的问题，因为这个问题包含了可变词"你"，它的意义取决于被提问者究竟是谁！所以，尽管当你向两个不同的对象提问的时候使用的是相同的词，但是你实际上在两个情形当中问的问题是不同的。

换一个角度来看。假设已经知道兄弟俩的名字，比方说约翰是其中那个神智健全的人的名字，而吉姆是那个神智错乱的吸血鬼的名字。如果我分别问他们"约翰是人吗"，兄弟俩就都会回答："是。"因为我现在向他们提出的是相同的问题。相似地，如果我问："吉姆是人吗？"兄弟俩就都会回答："否。"但是如果我问他们："你是人吗？"我实际上在两个情形当中问的问题是不同的。

第二部分

谜题和元谜题

第五章

发问者之岛

在浩瀚无边的海洋某处，有一个非常奇怪的岛屿，这个岛屿特别有名，被称作"发问者之岛"，它的名字来源于它的居民从来不做陈述而只提问题这一事实。那么他们怎样进行交流呢？我们会在后面详细讨论这个问题。

那些居民仅仅问那些可以回答"是"或者"否"的问题。所有居民划分为两种类型，A和B。A类型的居民仅仅问那些正确答案是"是"的问题，而B类型的居民仅仅问那些正确答案是"否"的问题。比如，一个A类型的居民可能问"二加二等于四吗"，但是他不能问二加二是否等于五。一个B类型的居民不能问二加二是否等于四，但是他能问二加二是否等于五，或者二加二是否等于六。

1. 假设你遇见这个岛上的一个当地人，并且他问你"我属于B类型吗"，你会得出什么结论呢？

2. 假设他问的是另一个问题"我属于A类型吗"，你又会得出什么结论呢？

3. 有一次我游览这个岛屿的时候，遇见一对名叫伊桑·罗素和维奥里特·罗素的夫妇。我听见伊桑问另外一个人："维奥里特和我都属于B类型吗？"

维奥里特属于哪一种类型呢？

4. 另一次我遇见兄弟二人，他们的名字分别叫亚瑟和罗伯特。亚瑟问罗伯特："我们当中至少有一个属于B类型吗？"

亚瑟和罗伯特分别属于什么类型呢？

5. 接下来我遇见一对姓戈登的夫妇。戈登先生问他的妻子："亲爱的，我们是不同类型的人吗？"

可以推断出他们每一个人的什么情况呢？

6. 后来我遇见一个姓佐恩的当地人，他问我："我属于那种可以问我自己是否属于B类型的那一类型吗？"

可以推断出佐恩的一点情况来吗？或者这个故事是不可能的吗？

7. 从一个极端来到另一个极端，我遇见一个当地人问我："我属于那种可以问我现在正在问的这个问题的类型吗？"

可以推断出他的一些什么情况吗？

8. 我接下来遇见一对姓克林克的夫妇。克林克夫人问她的丈夫："你属于那种可以问我是否属于A类型的那一类型吗？"

可以推断出克林克先生和夫人的什么情况呢？

9. 后来，我遇见一对夫妇，名叫约翰·布莱克和贝蒂·布莱克，贝蒂问约翰："你属于那种可以问我们当中是否至少有一个属于B类型的那一类型吗？"

约翰和贝蒂分别属于哪种类型呢？

评论：8和9这两个谜题让我回想起我在若干年以前听过的一首歌的名字。它是一辑都有点对精神分析进行"恶搞"的歌曲当中的一首。这首特别的歌名叫《我不能适应这个已经适应了我的你》。

10. 接下来的事情实在是一团逻辑乱麻！我遇见名叫爱丽丝、贝蒂和辛西娅的姐妹三人。爱丽丝问贝蒂："你属于那种可以问辛西娅她是否属于那种可以问你们两个是否属于不同类型的那类型的那一类型吗？"

当我从她们身旁走开的时候，我就开始尝试着解决这个问题，并且最终意识到只能推断出三个女孩当中一个的所属类型。哪一个呢，并且她属于哪一种类型呢？

·一个奇怪的遭遇·

我在这个发问者之岛上亲身经历的所有语言交流当中，接下来的三次交流是最奇异的！第三章的一个疯人院里面的三个病人逃跑出来并且决定游览一下这个岛屿。我们可以回想起来，这些疯人院当中的病人要么是神智健全的要么是神智错乱的，并且神智健全者在他们的所有信念上都完全正确，而神智错乱者在他们的所有信念上都完全不正确。我们也可以回想起来，那些病人无论是神智健全的还是神智错乱的，总是诚实的，除开他们信以为真的东西以外，他们从来不陈述任何东西。

11. 在他们抵达后的第二天，其中一个病人，他的名字叫阿诺德，遇见了岛上的一个当地人。那个当地人问他："你相信我属于B类型吗？"

可以推断出那个当地人的什么情况以及阿诺德的什么情况呢？

12. 第二天，这三个病人当中的另外一个叫托马斯的和一个当地人进行了一次长谈（你可以称它为交谈——托马斯一直陈述而那个当地人则一直提问！）。其间，那个当地人问托马斯："你相信我属于那种可以问你你是否神智错乱的类型吗？"

可以推断出那个当地人的什么情况以及托马斯的什么情况呢？

13. 几天以后，我和第三个病人进行了一次交谈，那个病人的名字叫威廉。威廉告诉我他在前一天无意中听到托马斯和一个叫哈尔的当地人之间的一次交谈，那次交谈中托马斯对哈尔说："你属于那种可以问我是否相信你属于B类型的那一类型。"

可以推断出托马斯或者哈尔或者威廉的一些什么情况吗？

·谁是巫师？·

我的冒险经历到了此刻，仍然不知道托马斯是神智健全的还是神智错乱的，并且我也没有多少时间用来发现真相。接下来的那天，这三个病人都离开了这个岛屿。我最后听到的消息是，他们都已经自愿回到他们当初出逃的疯人院了。显然他们在那儿很快乐，因为他们都一致同意在疯人院外面的生活比疯人院里面的生活还疯狂。

哦，让发问者之岛的事情恢复正常状态，人们才感到轻松快慰。后来，我听到一个让我非常感兴趣的传言说，这个岛上可能有一个巫师。其实，从童年开始我就一直对巫师着迷，所以我非常急切地希望遇见一个真正的巫师——不过，首先需要这个传言是真的。我想象着我怎样可以把他找出来。

14. 幸运的是，某一天，一个当地人问了我一个问题，然后我就知道这个岛上必定有一个巫师。

你能给出这样一个问题吗？

现在，读者朋友们也许正在想，既然岛上的居民从来不做陈述而只提问题，我怎么可能听到关于这个岛上的一个巫师的传言，或者更进一步说，听到关于这个岛屿的任何事情。假定读者朋友们还没有独自弄明白这个问题，那么这个问题的解答就会确切地向大家揭示岛上的居民是如何能够像其他人一样自由地（只是更笨拙罢了）交流信息的。

正如你可以想象的那样，我欣喜于发现在这个岛上真的有一个巫师。我还知道他是这个岛上仅有的巫师。但是我不知道他是谁。后来，我还发现有一个专门为任何能够正确地猜出他的名字的游客而设置的大奖。唯一的缺憾就是任何猜测错误的游客都会被处决。

所以，第二天早上我就早早地起了床，到岛上各处转悠，希望当地人会问我足够多的问题以便帮助我准确地推断出谁是那个巫师。于是发生了下面的这些事情：

15. 我遇见的第一个当地人名叫亚瑟·古德。他问我："我是那个巫师吗？"

我已经有充足的信息判断谁是那个巫师吗？

16. 下一个当地人名叫伯纳德·格林。他问我："我属于那种能够问我是不是那个巫师的类型吗？"

我已经有充足的信息了吗？

17. 下一个当地人，查尔斯·曼斯菲尔德问道："我属于那种可以问那个巫师是否属于可以问我是否就是那个巫师的类型的那一类型吗？"

我已经有充足的信息了吗？

18. 下一个当地人名叫丹尼尔·莫特。他问道："那个巫师属于B类型吗？"

我已经有充足的信息了吗？

19. 下一个当地人名叫埃德温·德鲁德。他问道："那个巫师和我属于同一类型吗？"

有啦！我现在已经有充足的信息解开这个秘密啦！

谁是那个巫师呢？

奖金的问题

你是一个好侦探吗？我们回想起那个游览了这个岛屿的病人托马斯。他实际上是神智健全的，还是神智错乱的呢？

1. 对这个岛屿的任何一个当地人来说，他都不可能问你这个问题。如果一个A类型的当地人问"我是B类型的吗"，那么正确的答案就是"否"（因为他不是B类型的），但是一个A类型的当地人不可能问一个正确答案是"否"的问题。因而，没有A类型的当地人可以问这个问题。如果一个B类型的当地人问这个问题，那么正确的答案就是"是"（因为他是B类型的），但是一个B类型的当地人不可能问一个正确答案是"是"的问题。因而，一个B类型的当地人也不可能问这个问题。

2. 什么都不能推断出来。这个岛屿的任何一个当地人都可以问他自己是否属于A类型，因为他要么属于A类型要么属于B类型。如果他属于A类型，那么对于"我是A类型的吗"这个问题的正确回答就是"是"，而任何一个A类型的居民都可以问任何一个正确答案是"是"的问题。另一方面，如果那个居民属于B类型，那么对这个问题的正确回答就是"否"，而任何一个B类型的居民都可以问一个正确答案是"否"的问题。

3. 我们首先必须确定伊桑的类型。假设伊桑属于A类型，那么他的问题的正确答案必定就是"是"（因为"是"是所有A类型居民的问题的正确答案），这也就意味着伊桑和维奥里特都属于B类型，也就特别地意味着伊桑属于B类型，我们就得到一个矛盾。因而伊桑不可能是A类型的，他必定就是B类型的。因为他是B类型的，他的问题的正确答案就是"否"，所以他和维奥里特就并不都是B类型的。这就意味着维奥里特必定是A类型的。

4. 假设亚瑟是B类型的，那么在这兄弟俩当中也就至少有一个人是B类型的，于是亚瑟问题的正确答案就是"是"，这也就意味着他是A类型的。这是一个矛盾，因而亚瑟不可能属于B类型，他必定属于A类型。由此得出他的问题的正确答案是"是"，这也就意味着他们当中至少有一个人是B类型的。既然亚瑟不是B类型的，那么属于B类型的必定是罗伯特。所以亚瑟是A类型的而罗伯特则是B类型的。

5. 关于戈登先生我们不能推出什么东西来，我们却可以推断出戈登夫人必定是B类型的。下面是何以如此的理由：

戈登先生要么属于A类型要么属于B类型。假设他是A类型的，那么他的问题的正确答案就是"是"，这也就意味着他们两个人属于不同的类型。这意味着戈登夫人必定是B类型的（因为她的丈夫属于A类型而他们属于不同的类型）。所以，如果戈登先生是A类型的，那么戈登夫人必定是B类型的。

现在假设戈登先生是B类型的，那么他的问题的正确答案就是"否"，这也就意味着他们两个人并非属于不同的类型，他们属于相同的类型。这意味着戈登夫人也属于B类型。所以如果戈登先生是B类型的，那么戈登夫人也是B类型的。

这就证明不管戈登先生属于A类型还是属于B类型，戈登夫人必定属于B类型。

另一个简单得多但又更为精确的证明是下面这样的。我们从第一个问题已经知道，在这个岛上没有人能够问他自己是否属于B类型。现在，如果戈登夫人属于A类型，那么对任何一个居民来说，问他自己和戈登夫人是否属于不同的类型就等于问他自己是否属于

蒙特卡洛之锁：小谜题大逻辑

B类型，而后面这一点是他无法做到的。因而，戈登夫人不可能属于A类型。

6. 这个故事是完全可能的，而且佐恩必定属于B类型。最容易明白这一点的方法是回想一下问题1带给我们的那个事实：这个岛屿的当地人当中没有一个能够问他自己是否属于B类型。所以当佐恩问他自己是否属于能够问他自己是否属于B类型的类型时，正确的答案是"否"（因为没有一个居民可以问他自己是否属于B类型）。既然正确的答案是"否"，那么佐恩必定是B类型的。

7. 既然这个当地人刚刚确实问了这个问题，那么显而易见，他能够问这个问题，因而他的问题的正确答案是"是"，因而他是A类型的。

8. 关于克林克夫人我们不能推断出什么东西来，我们却可以推断出克林克先生必定是A类型的。原因如下：假设克林克夫人是A类型的，那么她的问题的正确答案就是"是"，这就意味着克林克先生能够问克林克夫人她是否属于A类型。并且，既然克林克夫人是A类型的，克林克先生的那个问题的正确答案就是"是"，这就得出克林克先生是A类型的。所以，如果克林克夫人是A类型的，那么她的丈夫也是A类型的。现在假设克林克夫人是B类型的，那么她的问题的正确答案就是"否"，也就意味着克林克先生不属于那种可以询问克林克夫人她是否属于A类型的类型。因此他不可能问一个正确答案是"否"的问题，所以他必定是A类型的。所以，不管克林克夫人属于哪一个类型，克林克先生都属于A类型。

9. 假设贝蒂是A类型的，那么她的问题的正确答案就是"是"，从而约翰就能够问他们当中是否至少有一个人是B类型的。可是这会推出一个矛盾：如果约翰是A类型的，那么他们当中至少有一个是B类型的这一点就是假的。因而他的问题的正确答案就会是"否"，然而这对于一个A类型的居民来说是不可能的。如果约翰是B类型的，那么他们当中至少有一个是B类型的这一点就是真的，他的问题的答案也就是"是"。但是，一个B类型的人不可能问正确答案是"是"的问题。因而，贝蒂是A类型的这一假设就是不可能的，她必定就是B类型的。

既然贝蒂是B类型的，那么她的问题的正确答案就是"否"，这也就意味着约翰不可能问她他们当中是否至少有一个是B类型的。现在如果约翰是A类型的，那么他就能够问那个问题，因为他们当中是否至少有一个（也就是贝蒂）是B类型的这一点就是真的。既然他不可能问那个问题，他必定是B类型的。

所以，答案是他们两个都是B类型的。

10. 很容易循序渐进地构建出这个问题的解答来。首先，我们可以很容易地确立下面两个命题：

命题1：给定任意一个A类型的居民X，没有一个居民可以问他（她）和X是否属于不同类型。

命题2：给定任意一个B类型的居民，那么任意一个居民都可以问他（她）和X是否属于不同类型。

我们已经在问题5的解答中证明了命题1。在那个解答中我们看到如果戈登夫人是A类型的，那么戈登先生就不可能问他和戈登夫人是否属于同一类型。

至于命题2，如果X是B类型的，那么一个人和X是否属于不同的类型这个问题就等价于一个人是否属于A类型这个问题，并且正如我们在问题2的解答中看到的那样，任何人都可以问这样的问题。因而，如果X是B类型的，那么任何一个人都可以问X他（她）和X是否属于不同类型。

现在进入这里的问题。我将证明爱丽丝的问题的正确答案是"否"，因而爱丽丝必定属于B类型。换句话说，我将证明对贝蒂来说她不可能问辛西娅"辛西娅是否属于可以问贝蒂，辛西娅和贝蒂是否属于不同类型的那一类型"。

假设贝蒂问辛西娅：辛西娅是否能够问辛西娅和贝蒂属于不同类型，我们就会得到下面的矛盾：贝蒂要么是A类型的要么是B类型的。假设贝蒂是A类型的，那么根据命题1，辛西娅可以问她自己和贝蒂是否属于不同类型，从而贝蒂的问题的答案就是"否"，然而由于贝蒂是A类型的，这是不可能的！另一方面，假设贝蒂是B类型的。那么根据命题2，辛西娅能够问她自己和贝蒂是否属于不同类型，贝蒂的问题的答案也就是"是"，然而由于贝蒂是B类型的，因此，这是不可能的。

这就证明了爱丽丝问贝蒂她自己是否可以问的任意一个问题，却是贝蒂绝不可能问辛西娅的问题，所以爱丽丝的问题的正确答案就是"否"，而且爱丽丝是B类型的。至于贝蒂和辛西娅的类型，则无法确定。

11. 我认为这个问题是这章当中最有趣的问题，因为一方面我们无法推断出那个问问题的当地人的任何情况来，另一方面尽管据我们所知阿诺德从来没有开过口，我们却可以知道他必定是神智错乱的!事实是，因为问一个神智健全的人他是否相信某个情况是如此如此的等于是问某个情况是否实际上就是如此如此的，并且没有一个当地人可以问他自己是否属于B类型，所以没有一个当地人可以问一个神智健全的人他是否相信这个当地人属于B类型。所以没有一个当地人X可以问一个神智健全的人他是否相信X是B类型的。

另一方面（我们在后面的一个问题中还需要用到这个事实），任意一个当地人X可以问一个神智错乱的人他是否相信X是B类型的，这是因为问一个神智错乱的人那个问题等于是问他X是否属于A类型，而正如我们已经知道的那样，这样的提问是任意一个当地人X都可以办到的。

12. 无法推断出托马斯的任何情况来，但是问那个问题的当地人必定是B类型的。为此，假设他是A类型的，那么他的问题的正确答案就是"是"，这就意味着托马斯确实相信那个当地人可以问托马斯他是否神智错乱。现在，托马斯要么是神智健全的要么是神智错乱的。假设他是神智健全的，那么他的信念就是正确的，这也就意味着那个当地人可以问托马斯他是否神智错乱。但是一个A类型的人可以问一个问题的前提条件是这个问题的正确答案是"是"，这就意味着托马斯必定是神智错乱的，所以托马斯神智健全的假定得出了托马斯神智错乱的结论。因而，假定托马斯神智健全就会导致矛盾。另一方面，假设托马斯是神智错乱的，那么托马斯对那个当地人可以问托马斯是否神智错乱的信念就是错的，从而那个当地人就不能问托马斯他是不是神智错乱的（托马斯就会回答"否"，可是在那个当地人属于A类型的情况下，这是不可能的）。但是，假定托马斯神智错乱以及那个当地人属于A类型，那么根据发问者之岛的规则，那个当地人就可以问托马斯他是否神智错乱（由于这个问题的正确答案是"是"）。所以假定托马斯是神智错乱的也会导致矛盾。

摆脱矛盾的唯一出路是，那个当地人必定是B类型的而不是A类型的，这样的话，不管托马斯是神智健全的还是神智错乱的，都不会有矛盾出现。

13. 我将证明威廉报道的那个故事实际上是永远不可能发生的，因而威廉必定是神智错乱的才会相信发生了那样的故事。

假设那个故事是真的，我们就会得到下面的矛盾。假设托马斯是神智健全的，那么他的陈述就是正确的，这也就意味着哈尔可以问托马斯他是否相信哈尔是B类型的。但是根据问题11的解答，这就意味着托马斯是神智错乱的！所以假定托马斯是神智健全的就会导致矛盾。另一方面，假设托马斯是神智错乱的，那么他的陈述就是假的，从而哈尔不可能问托马斯他是否相信哈尔是B类型的。但是，正如我们在问题11当中看到的那样，一个当地人可以问一个神智错乱的人他是否相信这个当地人属于B类型，所以我们在这种情况下也得到一个矛盾。

摆脱矛盾的唯一出路是，托马斯从来不向任何一个当地人问那样的问题，而威廉只是想象托马斯会那样问过罢了。

14. 许多问题都可以胜任此工作。我最喜欢的一个问题是："我属于那种可以问这个岛上是否有一个巫师的类型吗？"

假设那个提问者是A类型的。那么他的问题的正确答案就是"是"，也就意味着那个提问者可以问这个岛上是否有一个巫师。作为A类型的居民，他可以问这个岛上是否有一个巫师的前提条件是这个岛上确实有一个巫师（所以那个正确答案才会是"是"）。因而，如果那个提问者属于A类型，那么这个岛上必定有一个巫师。

假设那个提问者是B类型的。那么他的问题的正确答案就是"否"，这就意味着他不可能问这个岛上是否有一个巫师。现在如果这个岛上确实没有巫师，那么提问者作为B类型的居民就可以问这个岛上是否有一个巫师（既然那个正确答案是"否"）。但是正如我们看到的那样，提问者不能问这个问题，那么就可以推出这个岛上事实上必定有一个巫师。这就证明了如果那个提问者是B类型的，那么这个岛上有一个巫师。所以不论提问者是A类型的还是B类型的，这个岛上都必定有一个巫师。

15. 当然不！

16. 所有能够推断出来的情况就是，伯纳德·格林不是那个巫师（依据的推理方法和问题14的解答相同）。

17. 所有能够推断出来的情况就是，那个巫师属于那种可以问查尔斯·曼斯菲尔德是否就是那个巫师的类型（记住，正如我们在问题11当中发现的那样，当一个当地人问"我属于那种可以问如此如此的类型"的时候，这个如此如此的情况事实上必定是真的）。

18. 所有能够推断出来的情况就是，丹尼尔·莫特不是那个巫师（因为那个巫师不可能问"那个巫师属于B类型吗"，没有人可以问他自己是否属于B类型）。

19. 单独从埃德温·德鲁德提出的问题不可能推断出谁是那个巫师，但是从埃德温·德鲁德的问题加上之前的问题，这个问题就可以得到彻底的解决！

从埃德温·德鲁德的问题可以得到的是那个巫师必定是A类型的。为此，假设埃德温是A类型的，那么他的问题的正确答案就是"是"，从而他和那个巫师实际上就属于相同类型，所以那个巫师也是A类型的。另一方面，假设埃德温是B类型的，那么他的问题的正确答案就是"否"，这就意味着他和那个巫师就不属于相同的类型。既然埃德温是B类型的而那个巫师不和埃德温属于相同的类型，那么那个巫师必定属于A类型的。

这就证明了那个巫师是A类型的。现在我们已经在问题17当中看到，那个巫师可以提出查尔斯·曼斯菲尔德是否就是那个巫师这个问题。既然那个巫师属于A类型，那么刚才那个问题的正确答案就是"是"。从而查尔斯·曼斯菲尔德必定就是那个巫师！

免费奉送的问题

我告诉过你，阿诺德、托马斯和威廉都一致同意在疯人院外面的生活比在疯人院里面的生活还疯狂。既然托马斯同意阿诺德和威廉的看法，而那两个人都是神智错乱的，那么托马斯必定也是神智错乱的。

第六章
梦之小岛

　　我曾经梦见有一个名为梦之小岛的岛屿。这个岛屿的居民做的梦都非常生动。诚然，他们睡着时的思想仍然和他们清醒时的思想一样生动。另外，他们一个晚上接着一个晚上的睡梦人生有着和他们一个白天接着一个白天的清醒人生一样的连续性。因此，某些居民有时候不能轻易地判断他们在某个特定的时刻是清醒的还是睡着的。

　　现在，非常碰巧的是，所有居民可以划分成两种类型：白昼型和夜晚型。一个白昼型居民的特征就是，当他清醒的时候他相信的每一样东西都是真的，而当他睡着的时候他相信的每一样东西都是假的。一个夜晚型的居民则与此相反：当一个夜晚型的家伙睡着的时候他相信的每一样东西都是真的，而当他清醒的时候他相信的每一样东西都是假的。

　　1. 在某个特定的时刻，一个居民相信他属于白昼型。

　　可以确定他的信念是否正确吗？可以确定他当时是清醒的还是睡着的吗？

2. 在另外一个场合，一个当地人相信他当时睡着了。可以确定他的信念是否正确吗？可以确定他属于什么类型吗？

3.（1）一个居民对他属于白昼型还是夜晚型这一问题的看法永远都不会改变吗？

（2）一个居民对他当时是清醒的还是睡着的这一问题的看法永远都不会改变吗？

4. 在某个时刻，一个居民相信她要么当时睡着了要么是属于夜晚型的，或者同时相信两者（"或者"意味着至少一个或者可能都是）。

可以确定她当时是清醒的还是睡着的吗？可以确定她是什么类型的吗？

5. 在某个时刻，一个居民相信他属于白昼型并且在当时睡着了[1]。他实际上是什么类型的呢？

6. 在这个岛上有一对姓卡尔蒲的已婚夫妇。在某个时刻，卡尔蒲先生相信他和他的妻子都属于夜晚型。同一时刻，卡尔蒲夫人相信他们并不都属于夜晚型。碰巧，当时他们之中一个是清醒的而另一个睡着了。他们之中哪一个是清醒的呢？

---

1 原文顺序是先说"睡着了"再说"白昼型"，现在根据中文措辞的需要调整为相反顺序。下面相同的情况也大多都如此处理。——译者注

7. 在这个小岛上有另外一对姓拜伦的已婚夫妇。他们之中一个属于夜晚型而另外一个属于白昼型。在某个时刻妻子相信他们要么都睡着了要么都是清醒的。同一时刻，丈夫相信他们既不都是睡着的也不都是清醒的。

哪一个是对的呢？

8. 这里有一个特别有趣的情况。在某个时刻一个叫爱德华的居民相信他和他的妹妹伊莲娜都属于夜晚型，然而同时他还令人惊奇地相信自己不属于夜晚型。

这是怎么成立的呢？他是夜晚型的还是白昼型的呢？他的妹妹呢？当时他是清醒的还是睡着的呢？

9. 王室一家

这个小岛有一个国王和一个王后，还有一个公主。在某个时刻公主相信她的父母是不同类型的。十二小时以后，她改变了她的状态（要么从睡着变成清醒要么从清醒变成睡着），于是她相信他的父亲是白昼型的，而她的母亲则是夜晚型的。

那么国王是什么类型的，王后是什么类型的呢？

10. 而那个巫医的情况如何呢？

没有巫师或者魔术师、药师或者巫医，或者别的诸如此类的东西，一个岛屿是不完整的。哦，这个岛屿碰巧有一个巫医并且只有一个巫医。现在有一个特别有趣的谜题是关于那个巫医的：

在某个时刻，一个名叫奥克的居民怀疑他自己是否就是那个巫医。他得出结论说，如果他属于白昼型并且当时是清醒的，那么他必定就是那个巫医。同一时刻，另外一个叫博克的居民相信，如果他属于白昼型而且正处于清醒状态或者属于夜晚型而且正处于睡眠状态，那么他自己就是那个巫医。碰巧，奥克和博克当时要么都睡着了要么都是清醒的。

那个巫医是白昼型的还是夜晚型的呢？

11. 一个元谜题

有一次，我向一个朋友提出了下面关于这个岛屿的谜题：

"一个居民某个时刻相信他属于白昼型而且正处于清醒状态。他的真实情况如何呢？"

我的朋友考虑了这个问题一会儿然后答复说："你显然没有给我充足的信息！"当然，我的朋友是对的。他然后问我："你知道他是什么类型的吗？并且他当时是清醒的还是睡着的？"

"噢，是的。"我答复说，"我碰巧对这个居民很熟悉，我知道他的类型以及他当时的状态。"

我的朋友然后问了我一个犀利的问题："如果你告诉我他是白昼型的还是夜晚型的，那么我就会有充足的信息判断出他当时是清醒的还是睡着的吗？"我如实地回答了他（"是"或者"否"），接着他就解决了这个谜题。

那个居民是白昼型的还是夜晚型的，他当时是清醒的还是睡着的？

12. 一个更困难的元谜题

在另外一个场合，我把下面一个关于这个岛屿的谜题告诉了一个朋友：

"一位女士某个时刻相信她属于夜晚型而且正处于睡眠状态。她的真实情况如何呢？"

我的朋友立即意识到我没有给他充足的信息。

"假设你告诉我那位女士是夜晚型的还是白昼型的，"我的朋友问我，"然后，我就能够推断出她当时是睡着的还是清醒的吗？"

我如实地回答了他，但是他还是不能解决这个问题（他仍然没有充足的信息）。

几天以后，我向另外一个朋友提出了同一个问题（只是没有告诉他关于第一个朋友的事情）。第二个朋友也意识到我没有给他充足的信息。然后他问了我下面的问题："假设你告诉了我那位女士当时是清醒的还是睡着了，然后我就有充足的信息判断她是白昼型的还是夜晚型的吗？"

我如实地回答了他，但是他还是不能解决这个问题（他也没有充足的信息）。

现在，你却拥有充足的信息解决这个谜题啦！那位女士是白昼型的还是夜晚型的，并且当时是清醒的还是睡着的呢？

结　语

　　假设真的存在这章中描述的那么一个岛屿，并且假设我就是其中一个居民。那么我是白昼型的还是夜晚型的呢？基于我在这章里面说过的东西，实际上这个问题是可以回答的。

1，2，3.让我们首先来看看下面这些必定成立的定律：

定律1：一个居民在清醒的时候相信他自己是白昼型的[1]。

定律2：一个居民在睡着的时候相信他自己是夜晚型的。

定律3：白昼型的居民一直相信他自己是清醒的。

定律4：夜晚型的居民一直相信他自己是睡着的。

为了证明定律1，假设X是一个在给定时刻处于清醒状态的居民。如果X是白昼型的，那么他是白昼型的而且当时是清醒的，因而他当时的信念就是正确的，他也就知道[2]他自己是白昼型的。另外，假设X是夜晚型的，那么由于他是夜晚型的而且当时是清醒的，他当时的信念就是错的，因而他就会错误地相信他是白昼型的。概而言之，在X清醒的情况下，如果他是白昼型的，那么他就会正确地相信他是白昼型的，而如果他是夜晚型的，那么他就会错误地相信他是白昼型的。

定律2的证明与之相仿。在X睡着了的情况下，如果他是夜晚型的，那么他就会正确地相信他是夜晚型的，而如果他是白昼型的，他就会错误地相信他是夜晚型的。

为了证明定律3，假设X是白昼型的。当他清醒的时候，他的信念是正确的，因而他就知道他当时是清醒的。但是当他睡着的时候，他的信念是错误的，因而他就错误地相信他是清醒的。所以，

---

1 严格来说，这样的定律需要相信者确实在相关信念及其否定上已经做出选择。举例来说，一个居民可以完全不去考虑他自己是白昼型还是夜晚型的这样的问题，而考虑地球是圆的还是方的这样的其他问题。——译者注

2 同上。

当他清醒的时候他正确地相信他是清醒的，而当他睡着的时候他错误地相信他是清醒的。

定律4的证明和定律3的证明相似，我把它留给读者朋友们自己去解决。

现在让我们来解决问题1。虽然我们无法判断他的信念是否正确，但是他当时必定处于清醒状态，因为如果他当时是睡着的，他就会相信他自己是夜晚型的而不是白昼型的（根据定律2）。

至于问题2，我们仍然无法判断他的信念是否正确。但是那个当地人必定是夜晚型的，因为如果他是白昼型的，他就一定会相信自己是清醒的而不是睡着的（根据定律3）。

至于问题3，对于（1）的回答是"否"（因为根据定律1和定律2，一个居民对于他属于白昼型还是属于夜晚型的看法会根据他自己状态的变化——也就是从清醒状态变成睡眠状态，或者从睡眠状态变成清醒状态——而变化），而对于（2）的回答则是"是"（根据定律3和定律4）。

4. 你可以通过依次考虑这四种可能性的每一种来系统地解决这个问题：① 她是夜晚型的而且当时是睡着的；② 她是夜晚型的而且当时是醒着的；③ 她是白昼型的而且当时是睡着的；④ 她是白昼型的而且当时是醒着的。然后你可以看到哪一种可能性才是和给定条件相容的。然而，我更喜欢下面的论证方法：

首先，她的信念可能是不正确的吗？如果可能，那么她当时并没有睡着而且她也不是夜晚型的，也就意味着她属于白昼型而且当时是醒着的。然而由于一个醒着的而且属于白昼型的人不可能拥有一个不正确的信念，这就出现了一个矛盾，所以她的信念必定是正确的。这就意味着她当时是睡着的而且她属于夜晚型。

5. 你可以再一次通过依次尝试这四种可能性的每一种来系统地解决这个问题，但是我更喜欢一个更具有创造性的解法。

他的信念可能是正确的吗？如果果真如此，那么他实际上当时就是睡着的而且他属于白昼型，但是由于他处于睡眠状态并且是白昼型的，他就不可能拥有一个正确信念。因而，他的信念是错误的。现在，一个居民可以拥有一个错误信念的场合就是当他要么处于睡眠状态并且属于白昼型，要么处于清醒状态并且属于夜晚型。如果他处于睡眠状态并且属于白昼型，那么他的信念就是正确的（因为那就是他所相信的东西）。因而，他必定在当时处于清醒状态并且属于夜晚型。

6. 如果你打算使用上面的系统方法解决这个问题，那么你就会有十六种情况需要考虑！（丈夫那一方面有四种可能性，而对于这四种可能性的每一种又对应着来自妻子那方面的四种可能性。）幸运的是，有一种更为简单的方法可以处理这个问题。

首先，由于两个人当中一个是睡着的而另一个是醒着的，再由于他们拥有相反的信念，那么他们必定属于同一类型，也就是说，要么都是白昼型的要么都是夜晚型的：因为如果他们属于不同的类型，那么在他们都睡着或者都清醒的时候他们的信念就会相反，而在他们一个睡着而另一个清醒的时候他们的信念就会相同。既然他们的信念在一个睡着而另一个清醒的时候并不相同，那么他们必定属于相同类型。

在知道他们要么都是夜晚型的要么都是白昼型的情况下，让我们假设他们都是夜晚型的，那么她的丈夫当时的信念就是正确的。而且既然他是夜晚型的，他必定在当时是睡着的。现在，假设他们都是白昼型的，那么她的丈夫在相信他们都是夜晚型这件事情上显然是错误的，而由于他是白昼型的并且有一个错误信念，那么他必定在当时是睡着的。所以，无论他们是夜晚型的还是白昼型的，在当时丈夫一定是睡着的而妻子是醒着的。

7. 这个问题甚至更简单一些。既然丈夫和妻子属于不同的类型，那么当他们处于相同状态，也就是都睡着或者都醒着的时候，他们的信念必定是相反的，而他们处于不同的状态，一个睡着一个醒着的时候，他们的信念必定是相同的。既然在他们的信念相反的场合里，那么他们处于相同的状态，都是睡着的或者都是醒着的。因而，妻子是对的。

8. 显而易见的是，爱德华之所以会相信这两个在逻辑上不相容的命题，是因为他当时处于不可靠的心智状态！所以，爱德华的信念必定都是错误的。既然他相信他和伊莲娜都是夜晚型的，那么他们并不都是夜晚型的。而且既然他相信他不是夜晚型的，那么他是夜晚型的。因为他是夜晚型的，而他们并不都是夜晚型的，所以伊莲娜是白昼型的。既然他是夜晚型的而且当时错误地相信着一些事情，那么他一定是醒着的。所以，答案就是他是夜晚型的，他的妹妹是白昼型的，并且他是醒着的。

9. 既然公主改变了她的状态，那么她的两个信念当中的一个就是正确的而另一个就是不正确的。这就意味着下面两个命题当中，

一个是真的而另一个是错的:

（1）国王和王后是不同类型的。

（2）国王是白昼型的而王后是夜晚型的。

如果（2）是真的，那么（1）也就一定是真的，但是我们知道（2）和（1）不可能都是真的。因而，（2）必定是假的，从而（1）必定是真的。所以国王和王后实际上是不同类型的，但是国王属于白昼型而王后属于夜晚型这一情况就不是真实的。所以，国王是夜晚型的而王后是白昼型的。

10. 假设奥克是白昼型的并且当时是醒着的。那么会从这个假设推出奥克必定是那个巫医吗？会，原因在下面的论证当中给出：

假设奥克实际上是白昼型的而且当时是醒着的，那么他的信念是正确的，这就意味着如果他是白昼型的并且当时是醒着的，那么他就是那个巫医。但是根据假设，他是白昼型的而且当时是醒着的，从而必定就是那个巫医（当然还是基于他是白昼型的并且当时是醒着的这个假设）。所以，他是白昼型的并且当时睡着的这个假设导出他是那个巫医的结论。当然这并没有证明这个假设是真的，也没有证明他就是那个巫医，而只是证明了如果他是白昼型的并且在当时是睡着的，那么他就是那个巫医。所以我们已确立的只是"如果奥克是白昼型的并且在当时是睡着的，那么他就是那个巫医"这个假设性的命题。哦，它正好就是奥克在当时相信的那个假设性命题，因而，奥克的信念就是正确的！这就意味着奥克要么是白昼型的并且当时是醒着的，要么是夜晚型的并且当时是睡着的，但是我们（仍然）无法判断究竟哪一种情况是真实情况。因而，由于奥克有可能是夜晚型的并且当时是睡着的，他就不一定是那个巫医。

现在，根据一个和上面非常相似的论证，我们可以证明博克的信念也是正确的。如果博克要么是白昼型的并且当时是醒着的，要么是夜晚型的并且当时是睡着的，那么无论在哪一种情况下，他的信念都是正确的，这也就意味着他必定是那个巫医。哦，这正好就是博克相信的东西，所以博克的信念是正确的。既然博克的信念是正确的，那么要么他是白昼型的并且当时是醒着的，要么他是夜晚型的并且当时是睡着的。但是无论在哪一种情况下，他都必定是那个巫医。

既然博克是那个巫医，那么奥克就不是。因而奥克就不可能属于白昼型并且在当时是醒着的，因为我们已经证明了，如果他是那样的，那么他就会是那个巫医。所以奥克属于夜晚型，并且当时是睡着的。因而，博克当时也是睡着的，并且由于博克当时的信念是正确的，所以博克必定是夜晚型的。所以那个巫医是夜晚型的。

11. 从那个居民相信他是白昼型的并且当时是醒着的这一事实，所有能够推出来的情况就是，他并非既属于夜晚型而且当时又处于清醒状态，因而就又剩下以下三种可能：

（1）他是夜晚型的并且当时是醒着的（因而拥有错误的信念）。

（2）他是白昼型的并且当时是睡着的（因而拥有错误的信念）。

（3）他是白昼型的并且当时是醒着的（因而拥有正确的信念）。

现在，假设我已经告诉我的朋友那个当地人是白昼型的还是夜晚型的，那么我的朋友可以解决那个问题吗？哦，这取决于我告诉他的是什么。如果我告诉他那个当地人是夜晚型的，那么他就可以知道上面的第一种情形是仅存的可能情形，并且因此判断出那个当地人当时是醒着的。如果我告诉他那个当地人是白昼型的，那么他就可以排除第一种情形同时留下第二种和第三种情形，于是我的朋友就无法判断后面这两种情形之中哪一种实际上是成立的，所以他就不可能解决那个问题。

现在，我的朋友并没有问我那个当地人是白昼型的还是夜晚型的，他问的全部问题是，如果我告诉他那个当地人是白昼型的还是夜晚型的，那么他是否能够解决那个问题。如果实际上那个当地人是白昼型的，那么我就不得不回答我朋友的问题说"否"（因为，正如我已经证明的那样，如果我告诉他那个当地人是白昼型的，那么他就无法解决那个问题），但是如果那个当地人是夜晚型的，那么我就不得不回答他的问题说"是"（因为，正如我已经证明的那样，如果我告诉他那个当地人是夜晚型的，那么他可以解决那个问题）。因而，既然我的朋友知道那个当地人是夜晚型的并且当时是醒着的，我就必定回答了"是"。

12. 从她相信她自己是夜晚型的并且当时是睡着的这一事实，所有能够推出来的情况就是，她并非既属于白昼型而且当时处于清醒状态，因而就剩下以下三种可能：

（1）她是夜晚型的而且当时是睡着的。

（2）她是夜晚型的而且当时是醒着的。

（3）她是白昼型的而且当时是睡着的。

如果我对第一个朋友的问题回答的是"是"，那么他必定知道（3）是仅存的可能性（根据上一个谜题的解答当中的一个相似的论证）。但是既然他没有解决它，那么我必定回答的就是

"否"。那么这就排除掉（3），所以我们就只剩下可能情况（1）和（2）。

现在，来看我的第二个朋友。如果我回答了"是"，那么他就能够断定（2）是仅存的可能［因为（2）是仅有的其处于清醒状态的情况，而（1）和（3）都是需要她睡着才成立的情况］。既然第二个朋友也无法解决那个问题，我必定回答他的是"否"，而且这就排除掉可能情况（2）。剩下来的可能情况（1）就是现在唯一有效的情况，也就是，那个当地人是夜晚型的并且当时是睡着的，这也是她自己正确地相信的东西。

简单而且概括地说，我的第一个朋友无法解决那个问题这一事实排除掉（3），我的第二个朋友无法解决那个问题这一事实排除掉（2）。剩下来的就是（1）：她是夜晚型的而且当时是睡着的。

结　语

在这一章的开篇我就说过，我梦见过有这么一个岛屿。如果世界上真有这么一个岛屿，那么我做的那个梦就是真实的，而且如果我还是岛上的那些居民当中的一员，那么我就不得不属于夜晚型了。

第七章

元谜题

上一章的最后两道谜题（不把结语计算在内）是一种让人着迷的谜题类型的例子，我倾向于把它们叫作元谜题，或者关于谜题的谜题。先给我们一个没有充足的数据因而无法解决的谜题，然后又告诉我们另外的某个人在给定某些附加信息的情况下能够或者不能够解决那个谜题，但是我们并不总是知道这个附加信息的确切内容。然而，我们也许可以知道一点关于这些附加信息的局部信息，就是这些局部信息使读者朋友得以解决那个问题。不幸的是，这种不平常的类型在文献当中却相当少见。下面给出来五个这样的谜题，先从非常简单的开始，到最后的时候，我们看到的就是一个在这章和上一章当中都堪称极致的谜题。

1. 约翰的案子

这个案子涉及针对一对同卵双胞胎的一次司法调查。已知他们当中至少有一个从来都不讲真话，但是我们不知道是哪一个。双胞胎当中的一个名叫约翰，他已经犯下了一项罪行。不过，约翰不一定就是那个总是撒谎的家伙。这次调查的目的在于找出哪一个是约翰。

"你是约翰吗？"法官问第一个孪生子。

回答是："是的，我是。"

"你是约翰吗？"法官问第二个孪生子。

第二个孪生子然后回答了"是"或者"否"[1]，法官于是就知道了哪一个是约翰。

约翰是第一个孪生子还是第二个呢？

2. 一个特兰西瓦尼亚的元谜题

我们从第四章知道每一个特兰西瓦尼亚居民属于下面四种类型之一：（1）神智健全的人；（2）神智错乱的人；（3）神智健全的吸血鬼；（4）神智错乱的吸血鬼。神智健全的人仅仅做真实陈述（他们既准确又诚实），神智错乱的人仅仅做虚假陈述（出于幻觉而非故意），神智健全的吸血鬼仅仅做虚假陈述（出于不诚实而非幻觉），而神智错乱的吸血鬼仅仅做真实陈述（他们相信他们的陈述是假的，但是撒谎说他们的陈述是真的）。

有一次，三个逻辑学家坐在一起讨论他们各自单独到特兰西瓦尼亚去旅行的事。

第一个逻辑学家说："当我在那儿的时候，我遇见一个名叫伊戈尔的特兰西瓦尼亚居民。我问他是不是一个神智健全的人。伊戈尔回答了'是'或者'否'，但是我无法从他的回答判断出他的具

1　法官作为当事人当然是知道那个具体答案的，只是由于我们没有到场或者出于谜题设置的需要，我们没能被直接告知那个具体答案。下面几处的"是"或者"否"显然也应该仿照这里的方式来理解。——译者注

体情况。"

"真是出人意料的巧合。"第二个逻辑学家说，"我在那儿旅游时也遇见了那个伊戈尔。我问他是不是一个神智健全的吸血鬼，而他回答了'是'或者'否'，我也无法断定他的具体情况。"

"这真是一个双重巧合呀！"第三个逻辑学家感叹道，"我也遇见伊戈尔了并且也问了他是不是一个神智错乱的吸血鬼。他回答了'是'或者'否'，但是我无法推断他属于哪一种类型。"

伊戈尔是神智健全的还是神智错乱的呢？他是人还是吸血鬼呢？

3. 一个关于骑士和恶棍的元谜题

我的《这本书叫什么？》里面包含了许多和一个岛屿有关的谜题，那个岛上的每个居民要么是骑士要么是恶棍，骑士总是讲真话而恶棍总是撒谎。下面有一个关于这些骑士和恶棍的元谜题。

一个逻辑学家曾经访问这个岛屿并且碰见了两个当地居民A和B。他问A："你们两个都是骑士吗？"A回答了"是"或者"否"。那个逻辑学家思考了一会儿，最后发现还是没有足够多的信息以确定他们的具体情况。那个逻辑学家于是又问A："你们两个属于相同类型吗？"其中，类型相同意味着都是骑士或者都是恶棍。A回答了"是"或者"否"，然后那个逻辑学家就知道了他们两个人分别属于什么类型。

他们两个人分别属于什么类型呢？

4.骑士、恶棍以及普通人

在同时住着骑士、恶棍以及普通人的岛上，骑士总是讲真话，恶棍总是撒谎，而那些被叫作"普通人"的人要么撒谎要么讲真话，有时撒谎，有时讲真话。

一天我访问这个岛屿，遇见两个当地居民A和B。我已经知道他们其中一个是骑士而另一个是普通人，但是我不知道哪一个是普通人。我问A："B是不是普通人？"然后他回答了"是"或者"否"。我于是知道了哪一个是普通人。

这两个人当中哪一个是普通人呢？

5.谁是那个间谍？

现在我们来看一个复杂得多的元谜题！

这个案子涉及针对三个被告A、B、C的一次审判。在那次审判开始之前就知道三个人当中一个是骑士（他总是讲真话），一个是恶棍（他总是撒谎），而最后一个则是身为间谍的普通人（他有时撒谎，有时讲真话）。那次审判的目的在于找到谁是那个间谍。

首先，要求A做一个陈述。他说的要么是"C是一个恶棍"，要么是"C是那个间谍"，但是我们不知道他究竟说了哪一个。然后B说的要么是"A是一个骑士"，要么是"A是那个恶棍"，要么是"A是那个间谍"，但是我们不知道他究竟说了哪一个。然后C做了一个关于B的陈述，他说的要么是"B是一个恶棍"，要么是"B是那个间谍"，但是我们不知道他究竟说了哪一个。法官听了这三个陈述之后，知道了谁是那个间谍并且对他定了罪。

有人把这个案子讲给一个逻辑学家听之后，逻辑学家思考了一会儿，然后说："我没有足够多的信息判断哪一个是那个间谍。"于是那个逻辑学家被告知A究竟说的是什么，然后他就判断出谁是那个间谍了。

　　哪一个是间谍呢，是A、B，还是C？

解　答

1. 如果第二个孪生子也回答了"是"，那么法官显然不能判断哪一个是约翰，从而第二个孪生子必定回答的是"否"。这就意味着那对双胞胎要么都讲真话要么都撒谎，但是他们不可能都讲真话，因为我们已知其中一个总是撒谎。因而他们都撒谎，也就意味着第二个孪生子是约翰。另外，我们无法确定他们当中哪一个总是撒谎。

2. 第一个逻辑学家问伊戈尔他是不是一个神智健全的人。如果伊戈尔是一个神智健全的人，他就会回答"是"；如果他是一个神智错乱的人，他也会回答"是"（因为作为神智错乱的人，他会错误地相信他是一个神智健全的人，然后诚实地表达他的信念）；如果伊戈尔是一个神智健全的吸血鬼，他也会回答"是"（因为作为神智健全的吸血鬼，他知道他不是一个神智健全的人，但是他会撒谎说他"是"）；但是如果伊戈尔是一个神智错乱的吸血鬼，那么他会回答"否"（因为作为一个神智错乱的吸血鬼，他相信他是一个神智健全的人并且在他所相信的东西上撒谎）。所以一个神智错乱的吸血鬼对这个问题的回答就会是"否"，另外三种类型都会回答"是"。现在，如果伊戈尔回答了"否"，那么第一个逻辑学家就会知道伊戈尔是一个神智错乱的吸血鬼。但是第一个逻辑学家不知道伊戈尔属于什么类型，因而他得到的回答一定是"是"。我们能由此推断出来的全部情况就是伊戈尔不是一个神智错乱的吸血鬼。

至于第二个逻辑学家的问题"你是一个神智健全的吸血鬼吗"，一个神智错乱的人会回答"是"，而另外三种类型都会回答

"否"。（我们把证实这个结论的工作留给读者。）既然第二个逻辑学家无法从伊戈尔的回答判断出伊戈尔属于什么类型，那么那个回答一定是"否"，也就意味着伊戈尔不是一个神智错乱的人。

至于第三个逻辑学家的问题"你是一个神智错乱的吸血鬼吗"，一个神智健全的人会回答"否"，而另外三种类型都会回答"是"。既然第三个逻辑学家无法断定伊戈尔属于什么类型，那么他得到的回答一定是"是"，也就意味着伊戈尔不是一个神智健全的人。

既然伊戈尔既不是一个神智错乱的吸血鬼，也不是一个神智错乱的人，还不是一个神智健全的人，那么他必定是一个神智健全的吸血鬼。

3. 有四种可能情形：

情形1：A和B都是骑士。

情形2：A是骑士而B是恶棍。

情形3：A是恶棍而B是骑士。

情形4：A和B都是恶棍。

那个逻辑学家首先问A，他们两个是否都是骑士。如果情形1、情形3或者情形4成立，那么A会回答"是"，而如果情形2成立，那么A会回答"否"。（我们把证实这个结论的工作留给读者。）既然那个逻辑学家无法从A的回答判断出那个当地人属于什么类型，那么A一定回答了"是"。那个逻辑学家由此知道的所有情况就是，情形2被排除掉了。接下来，那个逻辑学家问A，他们两个是否属于同一种类型。在情形1和情形3中，A会回答"是"，而在情形2和情形4中，A会回答"否"。（我们再一次把证实这个结论的工作留给读者。）所以如果那个逻辑学家得到的回答是"是"，那么他由此知道的全部情况就是要么情形1要么情形3成立，但是他不知道究竟是哪一个成立。所以他得到的回答必定是"否"。于是他知道情形2或者情形4成立，但是他已经排除了情形2。所以他知道情形4必定成立，也就是说，A和B都是恶棍。

4. 如果A回答"是"，那么A要么是一个骑士，要么是一个普通人（并且撒了谎），这样的话，我还是不知道哪一种情况为真。如果A回答"否"，那么A就不会是一个骑士（因为要是那样的话B就会是一个普通人，而A就撒了谎），所以A就必定是普通人。我能够判断哪一个是普通人的唯一途径就是A说了"否"。所以A就是那个普通人。

5. 我们当然要假定那个法官是一个完美无缺的推理者，并且还假定被告知了这个问题的那个逻辑学家也是一个完美无缺的推理者。

有两种可能：要么那个逻辑学家被告知A说了C是一个恶棍，要么他被告知A说了C是那个间谍。我们必须考察这两种可能。

可能Ⅰ：A说了C是一个恶棍。

至于B说了什么，现在有三种可能情形，我们必须一一考察：

情形1：B说了A是一个恶棍。那么：（1）如果A是一个骑士，那么C就是一个恶棍（因为A说了C是一个恶棍），从而B就是那个间谍；（2）如果A是一个恶棍，那么B的陈述就是假的，也就意味着B必定是那个间谍（既然A是一个恶棍，那么B就不是一个恶棍），从而C是一个骑士；（3）如果A是那个间谍，那么B的陈述就是假的，也就意味着B是那个恶棍，从而C是那个骑士。因此我们就有下列可能之一：

（1）A骑士、B间谍、C恶棍。

（2）A恶棍、B间谍、C骑士。

（3）A间谍、B恶棍、C骑士。

现在，假设C说了B是那个间谍，那么（1）和（3）就被排除在外。［如果（1）成立，那么因为B是一个间谍，C作为一个恶棍就不可能断言B是一个间谍，而如果（3）成立，那么因为B不是一个间谍，C作为一个骑士就不可能断言B是一个间谍。］这就只剩下（2）成立了，而且法官就会知道B是那个间谍。

假设C说了B是一个骑士，那么（1）就会成为仅有的可能，而且法官就会知道这一点而再一次将B定罪。

假设C说了B是一个恶棍。那么法官就不会知道究竟是（1）还是（3）成立，从而他就不会知道A和B当中哪一个是那个间谍，所以他就不可能将任何人定罪。因而，C并没有说B是一个恶棍。（当然，我们仍然工作在情形1的假定，也就是B说了A是一个骑士这一个假定之下。）

所以，如果情形1成立，那么B就是唯一会被法官定罪的人。

情形2：B说了A是那个间谍。我们让读者朋友们自己来验证下列可能是仅有的可能：

（1）A骑士、B间谍、C恶棍。

（2）A恶棍、B间谍、C骑士。

（3）A间谍、B骑士、C恶棍。

如果C说了B是那个间谍，那么要么（2）要么（3）成立，而法官就无法找到任何一个人有罪。如果C说了B是一个骑士，那么只有

（1）可能成立，而法官就会将B定罪。如果C说了B是一个恶棍，那么要么（1）要么（3）成立，那么法官就不会将任何人定罪。因而，C必定说了B是一个骑士，而B就是那个被定罪的人。

所以在情形2之下，B再一次是那个被定罪的人。

情形3：B说了A是一个恶棍。在这个情形当中有四种可能（读者可以自己验证这一点）：

（1）A骑士、B间谍、C恶棍。

（2）A恶棍、B间谍、C骑士。

（3）A恶棍、B骑士、C间谍。

（4）A间谍、B恶棍、C骑士。

如果C说了B是那个间谍，那么（2）或者（3）都可能成立，而法官就无法判断哪一个有罪。如果C说了B是一个骑士，（1）或者（3）就可能成立，而法官再一次无法将任何人定罪。如果C说了B是一个恶棍，（1）或者（3）或者（4）都可能成立，法官再一次无法判断哪一个是罪犯。

因而情形3就被排除在外了。所以我们现在知道要么情形1要么情形2成立，并且在这两种情形当中，法官都会将B定罪。

如果情形1是实际情况，也就是如果A说了C是一个恶棍，那么B必定就是那个间谍。因而如果那个逻辑学家被告知的是A说了C是一个恶棍，那么他就可能解决这个问题并且知道B就是那个间谍。

可能Ⅱ：现在，假设那个逻辑学家被告知的是A说了C是那个间谍。我将证明那个逻辑学家在这个假设之下不能解决这个问题，因为在这个假设下，既有法官将A定罪的一种可能，也有法官将B定罪的一种可能，而那个逻辑学家就无法知道哪一个是实际情况。

为了证明这一点，让我们假定A说了C是那个间谍。那么这里有一种方法可以让法官将A定罪：假设B说了A是一个骑士而C说了B是一个恶棍。如果A是那个间谍，那么B就会[1]是一个恶棍（他错误地断言A是一个骑士），而C就会是一个骑士（他正确地断言B是一个恶棍）。A作为那个间谍就可以错误地断言C是那个间谍。所以A、B以及C做出这三个陈述这种情况实际上是可能的，而且A是那个间谍这种情况实际上也是可能的。现在，如果B是那个间谍，那么A就不得不是一个恶棍以便断言C是那个恶棍，而C也不得不是一个恶棍以便断言B是一个恶棍，然而这是不可能的。如果C是那个间谍，那么A就不得不是一个骑士以便正确地断言C是一个间谍，而B也不得不是一个骑士以便正确地断言A是一个骑士，然而这同样是不可能的。因而，A必定就是那个间谍（如果B说了A是一个骑士而C说了B是一个恶棍）。所以A是被定罪的那个人这种情况是可能的。

这里也有一种方法让B被定罪：假设B说了A是一个骑士而C说了B是那个间谍（我们继续假定A说了C是那个间谍）。如果A是那个间谍，那么B必须是一个恶棍才可以说A是一个骑士，而C必须也是一个恶棍才可以说B是那个间谍，然而这是不可能的。如果C是那个间谍，那么由于A说了C是那个间谍，A就是一个骑士，而B必须也是一个骑士才可以说A是一个骑士，然而这同样是不可能的。但是如果B是那个间谍，就不会有任何矛盾：A是说了C是那个间谍的一个恶棍，C是说了B是那个间谍的一个骑士，而B就是那个间谍，他说了A是一个骑士。所以A、B以及C的确做了这三个陈述这种情况就是可能的，在这样的情形当中法官将B定罪。

---

1 原文的意思是"可能"，颇为不当，事实上在那些假设之下，B不可能是一个骑士，所以他必定是一个恶棍。——译者注

我现在已经证明，如果A说了C是那个间谍，那么就会既有法官将A定罪的一种可能，也有法官将B定罪的一种可能，并且没有方法可以判断哪一个是实际情况。因而，如果那个逻辑学家被告知的是A说了C是那个间谍，那么那个逻辑学家就没有解决这个问题的方法。但是我们已经知道那个逻辑学家的确解决了这个问题，从而他被告知的一定是A说了C是一个恶棍。那么正如我们看到的那样，法官就只会将B定罪。所以B就是那个间谍。

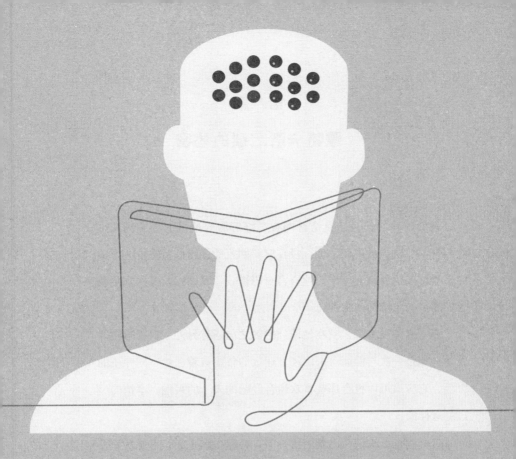

第三部分
蒙特卡洛之锁的秘密

第八章

蒙特卡洛之锁的秘密

最后，我们还是让克雷格调查员舒舒服服地坐上了一辆从特兰西瓦尼亚开出的火车。他沉浸在就要回家的轻松惬意之中。"实在是受够了这些吸血鬼！"他自言自语道，"真高兴就要回到伦敦了，那里的事情都是正常的！"

克雷格却没有意识到在他回到伦敦之前还有另外一次冒险在等着他，那是一次与前面两次已经叙述过的冒险有着迥然不同性质的冒险，它应该可以投合那些喜欢组合谜题的人士的兴趣。事情的经过是这样的：

这个调查员决定在巴黎停留一下，料理一些事务，当他料理完那些事务以后就登上了一辆从巴黎开到加莱的火车，打算跨过英吉利海峡到达多佛。但是，正当他在加莱下车的时候，一位法国警官上来叫住了他，并且交给他一份从蒙特卡洛发来的电报。那份电报请求他马上到那里去帮忙解决一个"重要的难题"。

克雷格想："噢，天啦，按照这样的速度我永远都到不了家！"

然而，责任就是责任，因此，克雷格彻底改变了他的计划，到了蒙特卡洛。一个叫马丁内斯的职员在那里的车站接到了他，并很快把他带到一家银行。

蒙特卡洛之锁：小谜题大逻辑

马丁内斯解释说："那个难题就是，我们弄丢了我们最大的保险箱的组合密码，而把它炸开的代价超出了我们的承受能力！"

"那究竟是怎样发生的呢？"克雷格问道。

"那个组合密码仅仅写在一张卡片上，而一个雇员在锁这个保险箱的时候不小心把那张卡片留在了里面！"

"天啦！"克雷格感叹道，"没有人记得那个组合密码吗？"

"绝对没有，"马丁内斯叹了一口气，"并且最为糟糕的是，如果用了错误的组合密码，那个锁就会永远地被卡住。那样的话，除了炸开那个保险箱就没有别的手段可用了。可是正如我说过的那样，炸开保险箱正好是不可行的——不仅因为那样做的代价太大，也因为那里面保存着一些极其珍贵而又非常容易碎的东西。"

"现在，等一下！"克雷格说，"你们怎么能使用一种可以让错误的密码输入给永久损坏了的锁定机制呢？"

"我也非常反对购买这种锁。"马丁内斯说，"但是，我的观点被董事会给批驳了一通，他们声称这种机制具有一些价值堪称唯一的优点，它足以弥补使用错误的组合密码毁坏整个保险箱这一不利因素。"

"这真是我听说过的最为荒唐的情形！"克雷格说。

"我真心实意地同意你的看法！"马丁内斯喊起来，"但是现在该怎么办呢？"

"坦率地说，由于没有任何线索，我也想不出什么办法，"克雷格回答说道，"而且我肯定帮不上任何忙。我非常担心我这趟算是白跑了！"

"啊，但是线索还是有的！"马丁内斯语调略微轻快地说，"否则，我就绝不会请你到这里来卷入麻烦的旋涡了。"

"噢？"克雷格说。

"是的。"马丁内斯说，"前段时间我们有一个非常有趣但也相当奇怪的雇员，一个对组合谜题特别感兴趣的数学家。他对组合密码锁有强烈的兴趣，并且对这个保险箱的机制进行了非常细致的研究。他宣称那是他见过的最不寻常而且最为聪明的锁定机制。他经常出一些谜题，给我们中的许多人消遣。有一次，他写了一篇文章，其中列举了这种锁定机制的几个性质并且断定从这些性质我们实际上就能推断出打开那个保险箱的一个组合密码。他把这篇文章送给我们作为休闲谜题，但是对于我们来说，它是非常难以解决的，所以我们很快就忘记了它。"

"那么这篇文章在哪里呢？"克雷格问道，"我猜想它也和那张记载着那个组合密码的卡片一起被锁在那个保险箱里了吧？"

"令人高兴的是，并没有那样。"当马丁内斯从他办公桌的抽屉里面拿出那份手稿来给克雷格看的时候，他说，"幸运的是，我把它保存在了这里。"

克雷格调查员认真地研究起那份手稿来。

"我现在明白为什么你们当中没有人能解决这个谜题了，因为它看起来太困难了！难道直接联系那个作者不是更容易些吗？他一定还记得或者至少能够重新找出这个组合密码来，不是吗？"

"他在这儿工作的时候名字叫马丁·法尔库斯，但是有可能那只是他的化名，"马丁内斯回答说道，"想要找到他的所有努力都失败了。"

"嗯！"克雷格回答说道，"我猜现在唯一的办法就是让我们尝试去解决这个谜题，但是它也许要花费几周或者几个月。"

"还有一件事情我必须告诉你，"马丁内斯说，"那就是必须在6月1日之前打开那个保险箱，因为它里面有一份政府文档必须在6月2日的早晨取出来。如果我们到时候还无法找到那个组合密码，那么我们就必须不惜代价地炸开保险箱。由于那份文档放在一个非常坚固的内部保险箱里面，并且我们尽可能从那个外部保险箱的门那儿引爆，那份文档本身就不会让爆炸给弄坏。至于其他东西——哦，这份文档才是最重要的！但是，不采取那个无可奈何的办法就能够解决问题，对于我们来说会节省很大一笔钱！"

"我看看我能做点什么，"克雷格一边说一边站起来，"尽管我会尽最大的努力，但是我无法向你们保证任何事情。"

现在，让我来告诉你法尔库斯的手稿的内容吧。首先，这些组合密码用的是字母，而不是数字。并且我们所说的一个组合的意思是，字母表26个大写字母当中的任意字母组合而成的任意字符串。它可能是任意长的，并且可能包含任意多个出现任意次的字母，比如，BABXL是一个组合，XEGGEXY也是一个组合。并且，一个单独的字母也算是一个组合，也就是一个长度为1的组合。现在，某些组合可以打开那个锁，某些组合则会卡住它，而其余的组合对这个锁的机制没有任何影响。那些对这个机制没有任何影响的组合被称为中立的。我们将使用小写字母x和y来代表任意的组合，而xy的意思就是在x后面加上y得到的组合。比如，如果x是GAQ这个组合，y是DZBF这个组合，那么xy就是GAQDZBF这个组合。一个组合的反转的意思是把这个组合倒着写而得到的那个组合，比如，BQFR这个组合的反转就是RFQB。一个组合x的重复xx的意思则是，在这个组合后面再加上它自己而得到的那个组合，比如，BQFR这个组合的重复就是BQFRBQFR。

现在，法尔库斯（不管他的真名是什么）提到某些组合特别相关于另外一些组合或者它们本身，但是他从来没有定义过"特别相关"是什么意思。然而，不管这种"特别相关"可能是什么，他还是列举了它足够多的性质，由此一个聪明人可以找到打开那个锁的一个组合密码！他列举了下列五个性质，他说这些性质对任意的组合密码x和y都是成立的：

性质Q：对于任意的组合x，QxQ这个组合特别相关于x（比如，QCFRQ特别相关于CFR）。

性质L：如果x特别相关于y，那么Lx特别相关于Qy（比如，既然QCFRQ特别相关于CFR，那么LQCFRQ特别相关于QCFR）。

性质V（反转性质）：如果x特别相关于y，那么Vx特别相关于y的反转（比如，既然QCFRQ特别相关于CFR，那么VQCFRQ特别相关于RFC）。

性质R（重复性质）：如果x特别相关于y，那么Rx特别相关于y的重复yy（比如，既然QCFRQ特别相关于CFR，那么RQCFRQ特别相关于CFRCFR。还有，正如我们在性质V的附例里面看到VQCFRQ特别相关于RFC，从而我们就有RVQCFRQ特别相关于RFCRFC）。

性质Sp：如果x特别相关于y，那么在y卡住了那个锁的条件下y就是中立的，而在x是中立的条件下那么y就会卡住那个锁（比如，我们已经看到RVQCFRQ特别相关于RFCRFC。因而，如果RVQCFRQ卡住了那个锁，那么RFCRFC就对那个机制没有任何影响，而如果LVQCRFQ对那个机制没有任何影响，那么RFCRFC就会卡住那个锁）。

从上面的五个条件的确可以找到一个打开那个锁的组合密码（我知道的开锁密码当中最短的长度是10，当然还有其他的开锁密码）。

现在，我们还很难期待读者已经能够解决这个谜题了。事实上，我们将会在接下来的几章当中渐渐地把这个锁定机制后面的整个理论展现出来。这个理论和某些将会在后面显露出来的非常有趣的数学发现和逻辑发现有关。

事实上，克雷格在和马丁内斯面谈之后的几天当中都在考虑这个谜题，可是没有能够解决它。

"再待在这儿已经没意义啦，"克雷格想，"我不知道到最终解决这个问题还要花多长时间，那么我倒不如回到家里去考虑它。"

就这样，克雷格回到了伦敦。这个谜题最后得以解决不仅归功于克雷格和他两个朋友（我们一会儿就会遇到他们）的聪明才智，还归功于即将发生的一连串引人注目的事件。

第九章

一台古怪的数字机器

　　在克雷格返回伦敦之后，他先是在蒙特卡洛之锁的谜题上面花了大量的时间，后来由于他在那个问题上毫无进展，他决定抛开那个问题先休息一阵子，那样也许是最好的，于是去拜访了一个多年未见的叫诺曼·麦卡洛克的老朋友。克雷格和麦卡洛克在牛津大学的时候是同学，他还记得在那些日子里麦卡洛克经常发明各种各样的稀奇小玩意儿，是一个虽然有些古怪却可爱的小伙子。哦，虽然下面的故事是发生在现代计算机被发明出来之前，但是麦卡洛克还是组装出了一个勉强称得上计算机的简陋机械。

　　"我一直都非常乐于摆弄这个装置，"麦卡洛克解释说，"我到现在也没有发现它有什么实际用处，不过它有一些有趣的特性。"

　　"它是如何工作的呢？"克雷格问道。

　　麦卡洛克回答说："哦，你把一个数输入那台机器，过一会儿一个数就会从那台机器当中出来。"

　　"出来的是相同的一个数还是不同的一个数呢？"克雷格问。

　　"那取决于你输入的是什么数。"

　　"我明白了。"克雷格回答说。

麦卡洛克继续说道："哦，那台机器并不接受所有数，而只是接受一些数。那台机器接受的那些数，我把它们叫作可接受的数。"

"那听起来完全就像一个逻辑术语，"克雷格说道，"但是我想知道哪些数是可以接受的而哪些数不是可以接受的。关于这点有一个明确的规律吗？还有，一旦你决定了输入一个可以接受的数之后输出来一个数，这两个数之间有一个明确的规律吗？"

"没有，"麦卡洛克回答道，"决定输入那个数是不够的，你必须实际上把那个数输入进去。"

"噢，哦，当然！"克雷格说，"我想问的是，那个数一旦被输入进去之后是否就明确无疑地决定了输出的是哪一个数。"

麦卡洛克回答说："当然是那样的啦，我的机器并不是一个随机装置！它按照一些具有严格确定性的规律运作。"

"让我来解释一下这些规律吧，"他继续说道，"首先，我所说的一个数的意思是一个正整数，而我现在的机器还不能处理负数或者分数。一个数N按照通常的方法写是由0、1、2、3、4、5、6、7、8、9这些数字[1]组成的一个字符串。然而，我的机器能够处理的全部数都是其中不出现0的那些数，比如它能够处理23或者5492，但不能够处理502或者3250607。给定两个数N、M，现在我所说的NM的意思不是N乘以M！我所说的NM的意思是首先按照正常的顺序写出N的各位数然后跟着同样写出M的各位数而得到的数，举例

1　注意"数"和"数字"这两个词在这里的用法区别。——译者注

来说，如果N是53这个数，而M是728这个数，那么我所说的NM的意思是53728这个数，或者如果N是4而M是39，那么我所说的NM的意思就是439。"

"多么古怪的一种数字运算啊！"克雷格惊奇地感叹道。

"我知道，"麦卡洛克回答说，"但是这是那台机器理解得最好的运算了。不管怎样，让我再给你解释一下它的运算规则。我说一个数X生成一个数Y的意思是X是可以接受的，并且当把X输入那台机器的时候，Y就是输出来的那个数。第一条规则如下：

规则1：对于任意的数X，2X（也就是2后面跟着X，而不是2乘以X！）这个数是可以接受的，并且2X生成X。

比如，253生成53，27482生成7482，23985生成3985，等等。换句话说，如果我把一个数2X输入那台机器，那台机器就会把前面的2给抹掉，然后输出那个剩下的X来。"

克雷格回答说："那倒是足够容易理解的。其他的规则又是怎样的呢？"

麦卡洛克回答道："仅仅还有一条规则。不过先让我来告诉你，对于任意的数X，X2X这个数都会扮演一个特别显著的角色，我把X2X称为X的伙伴。举例来说，7的伙伴是727，594的伙伴是5942594。现在，另外的那一条规则是这样说的：

规则2：对于任意的数X和Y，如果X生成Y，那么3X生成Y的伙伴。

举例来说，根据规则1，27生成7，因而327生成7的伙伴，也就是727。因此327生成727。再比如，2586生成586，从而32586生成

586的伙伴，也就是5862586。"

这时候，麦卡洛克把32586这个数输入那台机器，在好一阵哼哼唧唧和吱吱嘎嘎之后，最终输出来的果然就是5862586这个数。

"机器需要上一点油啦，"麦卡洛克评论道，"但还是先让我们考虑别的一两个例子，看看你是否已经完全掌握了这两条规则。假设我输入3327，输出来的会是什么呢？我们已经知道327生成727，所以3327生成727的伙伴，也就是7272727。33327生成什么数呢？哦，既然正如我们刚才看到的那样，3327生成7272727，那么33327必定就会生成7272727的伙伴，也就是727272727272727。再举一个例子，259生成59、3259生成59259、33259生成59259259259、333259生成59259259259259259259259。"

"我明白了，"克雷格说，"但是你到现在为止提到的那些看起来可以'生成'任何东西的数只是以2或者3开头的数。以其他的数字，比如4开头的数的情况又如何呢？"

"噢，这台机器可以接受的全部数都是那些以2或者3开头的数，而且即便这样的数也并不全部都是可以接受的。我正在计划某一天建造一个更大的、可以接受更多数的机器。"

"以2或者3开头的数中哪些不是可以接受的呢？"克雷格问。

"哦，由于2本身既不在规则1也不在规则2的管辖范围里面，它不是可以接受的，但是任何以2开头的多位数都是可以接受的。所有只是由3组成的数都不是可以接受的。32也不是可以接受的，332也不是，前面全部是3而最后跟着一个2的任何一个字符串也都不是。但是对任意的数X来说，2X是可以接受的，32X是可以接受的，332X和3332X都是可以接受的。简而言之，可以接受的全部字符串是2X、32X、332X、3332X，以及前面全部是3而最后面跟着2X的任意一个字符串。并且2X生成X，32X生成X的伙伴，332X生成X的伙伴的伙伴（为了方便，我把它叫作X的双重伙伴），3332X生成X的伙伴的伙伴的伙伴（我把这个数叫作X的三重伙伴），诸如此类。"

"我完全明白了，"克雷格说，"而现在我只想知道，你在前面提到的这台机器的古怪特性都有哪些呢？"

"噢，"麦卡洛克回答道，"这就会引到各种各样的古怪的组合谜题上来——现在，让我来给你展示一些这样的谜题吧！"

1. "首先是一个简单的例子，"麦卡洛克说，"有一个生成自己的数N，当你把N输入那台机器的时候，输出来的就还是数N。你能找到这样的一个数吗？"

2. 麦卡洛克在克雷格把答案告诉他之后，说："非常好，现在就来看看，这台机器还有一个有趣的特点：有一个数N，它生成它自己的伙伴——换句话说，如果你把N输入那台机器，N2N就是输出来的数。你能够找到这样的一个数吗？"

克雷格发现这个谜题更困难一点，但是他设法解决了它。你能够解决它吗？

3. "好极了！"麦卡洛克说，"但是有一件事情我想知道，你

蒙特卡洛之锁：小谜题大逻辑

是怎样找到这个数的呢？只是用了试错法，还是你有某种系统的策略呢？并且，你找到的那个数是唯一生成它自己的伙伴的数呢，还是这样的数不止一个呢？"

克雷格解释了他在上一个问题当中寻找那个数N的方法，并且回答了麦卡洛克关于是否还有其他可能的答案的问题。读者可以发现克雷格的分析是相当有趣的，有了它，要解决这章当中其他几个谜题也就变得容易多了。

4. "这里说的是我的最后一个问题啦，"麦卡洛克说，"那么你是怎样解决第一个问题的呢？还有其他生成自己的数吗？"

克雷格的回答在后面的解答中给出。

5. "接下来，"麦卡洛克说，"有一个数N，它生成7N，也就是7后面跟着N的那个数。你能找到它吗？"

6. "现在，让我们来考虑另外一个问题，"麦卡洛克说，"有一个数N满足3N生成N的伙伴吗？"

7. "还有一个N，它生成3N的伙伴是哪个？"麦卡洛克问道。

8. 麦卡洛克说："这台机器一个有趣的特点是，对于任意的数A，有某个数Y生成AY。你怎样证明这一点呢，并且给定一个数A，你怎样找到这样的一个数Y呢？"

注解：这个原则，尽管简单，却比麦卡洛克当时认为的更为重要！它将会在这本书当中反复出现几次。我们将称它为麦卡洛克原则。

9. "现在，"麦卡洛克继续说道，"给定一个数A，必然有某个数Y生成AY的伙伴吗？比如，有一个数Y生成56Y的伙伴吗，如果有，那么是什么样的数呢？"

10. 麦卡洛克说："另外一个有趣的事情是，有一个数N生成它自己的双重伙伴。你能够找到它吗？"

11. "还有，"麦卡洛克说，"给定任意的数A，有一个数X生成AX的双重伙伴。你知道在给定A这个数的情况下如何找到这样一个X吗？比如，你能找到一个生成78X的双重伙伴的X吗？"

麦卡洛克在那天还给克雷格提出了一些问题（除了当中的最后一个，它们都没有什么理论价值，但是读者可以从中获得一些乐趣）。

12. 寻找一个数N，它满足3N生成3N。

13. 寻找一个数N，它满足3N生成2N。

14. 寻找一个数N，它满足3N生成32N。

15. 是否有一个数N满足NNN2和3N2生成同一个数呢？

16. 有一个数N满足它的伙伴生成NN吗？这样的N是否不止一个呢？

17. 是否有一个数N满足NN生成N的伙伴呢？

18. 寻找一个数N，它满足N的伙伴生成N的双重伙伴。

19. 寻找一个生成N23的数N。

20. 一个负面结果。

"你知道，"麦卡洛克说，"相当长的一段时间以来我一直在试图找到一个生成数N2的数N，但是迄今为止我的尝试都失败了。我想知道事实上有没有这样一个数或者我是否只是一直不够聪明而无法找到一个这样的数！"

这个问题立即引起了克雷格的注意。他拿出笔记本和铅笔，开始研究起这个问题来。过了一会儿，他说："不要在寻找这样一个数的事情上再花时间了。它不可能存在！"

克雷格是如何知道这一点的呢？

1. 一个这样的数是323。因为根据规则1，23生成3，那么根据规则2，323必定就生成3的伙伴，也就是323——完全相同的一个数！

还有其他这样的数吗？要知道克雷格是如何回答的，参见问题4的答案。

2. 克雷格找到的那个数是33233。现在，形如332X的任何数都生成X的双重伙伴，所以33233生成33的双重伙伴，也就是33的伙伴的伙伴。现在，33的伙伴是33233，从而33的双重伙伴就是33233的伙伴。因此33233生成33233的伙伴，也就是说，它生成自己的伙伴。

这个数是如何被发现的，还有，它是唯一的答案吗？在下一个谜题的解答当中，我们会给出克雷格对这两个问题的回答。

3. 下面我们来看克雷格是如何找到第二个问题的解答的，并且搞定这一问题是否还有其他解答。我将用他自己的原话来给出他的解释：

"我的问题是找到一个生成N2N的数N。这个N必定是一个形如2X、32X、332X、3332X的数，那么我就必须找到那个X。一个形如2X的数符合要求吗？显然不行，因为2X生成X，而X明显比2X的伙伴（在数的长度上）短。所以没有一个形如2X的数可能符合要求。"

"一个形如32X的数如何呢？它生成的数同样太短，它生成X的伙伴，后者明显比32X的伙伴短。"

"一个形如332X的数如何呢？哦，它生成X的双重伙伴，也就是X2X2X2X，然而我们需要生成的是332X的伙伴，也就是332X2332X。现在，X2X2X2X能够和332X2332X是同一个数吗？它们哪一个长哪一个短呢？哦，设h是X当中的数位个数，那么X2X2X2X这个数就有$4h+3$个数位（因为它有4个X和3个2），而332X2332X有$2h+7$个数位。$4h+3=2h+7$能够成立吗？是的，如果h=2，但是对于其他的h则不成立。所以从长度的角度来看，一个形如332X的数可能符合要求，但是当且仅当 X[1]是两位数的时候。"

"还有其他可能吗？一个形如3332X的数如何呢？它会生成X的三重伙伴，也就是X2X2X2X2X2X2X，然而我们需要生成的是3332X的伙伴，也就是3332X23332X。这样的两个数可能相同吗？再一次，设X的长度为h，那么X2X2X2X2X2X2X这个数就有$8h+7$个数位，而3332X23332X有$2h+9$个数位。方程$8h+7=2h+9$唯一的解是h=1/3，所以没有一个整数h可以满足$8h+7=2h+9$。因而形如33332X的数都不符合要求。"

"一个形如33332X的数如何呢？它生成X的四重伙伴，其长度为$16h+15$，而X的伙伴的长度为$2h+11$。当然，对于任意的正整数h，$16h+15$都比$2h+11$大，所以一个形如33332X的数生成的家伙对我们来说太大了。"

"如果我们取一个以五个而不是四个3开始的数，那么需要它生成的数的长度和它实际生成的数的长度之间的差距就会更大，而如果我们取一个以六个或者更多个3开头的数，这个差距还要更大。因而，我们回到332X，看到332X实际上是这个问题唯一可能

---

1 原文误为h。——译者注

的解答，所以X必定是一个两位数。因此，那个我们想得到的N的形式必然就是332ab，其中a和b是两个有待确定的数字。现在，332ab生成ab的双重伙伴，也就是ab2ab2ab2ab。我们期望的是332ab生成332ab的伙伴，也就是332ab2332ab。这两个数可能相同吗？让我们逐一比较它们的各个数位：

　ab2ab2ab2ab

　332ab2332ab

　　"比较两个数的第一个数位，我们看到a必定就是3。比较第二个数位，b必定也是3。所以N=33233就是一个解答，并且是唯一可能的解答。"

　　4. "实话告诉你，"克雷格说，"我是依靠直觉来解决第一个问题的。我不是通过任何系统的方法找到323这个数的。并且，我到现在也还没有考虑有没有另外一个生成自己的数。"

　　"但是我不认为这个问题困难到无法解决的程度了。现在让我们来看，一个形如332X的数能够符合要求吗？它会生成X的双重伙伴，也就是X2X2X2X，这个数的长度在X的长度为h的情况下就为4h+3。但是我们需要的是生成332X，而332X的长度为h+3。很明显，如果h是一个正数，那么4h+3就会大于h+3，所以332X生成的数就太大了。3332X，或者以四个或者更多的3开头的某个数如何呢？还是不行，理想和现实之间的差距会变得更大。而一个形如2X的数显然也不行，它生成的是X，而无法生成2X，所以唯一的可能就是一个形如32X的数。现在，32X生成X2X，而我们需要的是它生成自己，也就是32X。所以32X必定和X2X相同。设h为X的长度，32X的长度就是h+2，而X2X长度为2h+1。所以2h+1=h+2，这就意味着h必定是1。所以X是一个1位数。现在，对于什么样的数字a有a2a=32a呢？显而易见，a必定是3。因而323是唯一的解答。"

5. 取N为3273。它生成73的伙伴，就是73273，也就是7N。所以73273是一个解答（事实上它还是唯一的解答，这一点可以通过在上面两个问题中用到的那种长度比较论证来得到证明）。

6. 既然323生成它自己，那么3323必定生成323的伙伴。因此，设N=323，3N生成N的伙伴（这是唯一的解答）。

7. 解答是332333。让我们来验证一下。设N为332333这个数。它生成333的双重伙伴，也就是3332333的伙伴——换句话说，3N的伙伴。

8. 这个问题显然是问题5的一个直接推广。我们在那里看到，对于N=3273，N生成7N。7并没有任何特别之处用来保证这样的生成。对于任意一个数A，如果我们设Y=32A3，那么Y生成AY（因为它生成A3的伙伴，也就是A32A3，也就是AY）。所以，比方说，如果我们要一个数Y生成837Y，我们就取Y为328373。这个事实将在后面表现出相当重要的理论意义！

9. 正确的回答是"是"。取Y为332A33。它生成A33的双重伙伴，也就是A332A33的伙伴。但是A332A33等于AY，所以Y生成AY的伙伴。

对于麦卡洛克提出的那个特别的例子——也就是找到一个生成

56Y的伙伴的数Y——来说，它的解答是Y=3325633。

10. 它的解答是3332333。它生成333的三重伙伴，也就是333的伙伴的双重伙伴。现在，333的伙伴是3332333，所以3332333生成3332333的双重伙伴。

应该注意到有下面这么一个一般模式：323生成它自己，33233生成它自己的伙伴，3332333生成它自己的双重伙伴，而333323333生成它自己的三重伙伴，33333233333生成它自己的四重伙伴，以此类推（读者可以自己验证这个一般模式）。

11. 解答是X=3332A333。它生成A333的三重伙伴，也就是A333的伙伴的双重伙伴。现在，A333的伙伴是A3332A333，也就是AX。所以X生成AX的双重伙伴。举一个特别的例子，A=78，那么它对应的解答就是333278333。

12. 明显的是，正确的答案是23。我们已经知道323生成323，所以设N=23，也就有3N生成3N。

13. 正确的答案是22。

14. 正确的答案是232。

15. 当然是N=2了。

16. 任何全部由2构成的字符串都行。

17. 是的，32可以。

18. 取N=33。

19. 取N=32323。

20. 正如读者可以自己验证的那样，任何一个以两个或者更多的3开头的数N都会生成一个比N2更长的数（比如，如果N是形如332X的数，h是X的长度，那么N生成X的双重伙伴，而后者的长度为4h＋3，另一方面N2的长度为h＋4）。并且，没有一个形如2X的数能够符合要求，因此如果有一个数N生成N2，那么它必定是形如32X的。现在，32X生成X2X，而需要生成的是32X2。如果X2X和32X2是同一个数，那么设h是X的长度，就有2h＋1=h＋3必然成立，而这就意味着h=2。所以唯一符合要求（如果有一个的话）的数必定是形如32ab的，其中a和b都是有待确定的数字。现在，32ab生成ab2ab，而需要生成的是32ab2。那么，ab2ab能够和32ab2是同一个数吗？让我们逐一比较它们的各个数位：

ab2ab

32ab2

比较第一个数位，我们得到a=3；再比较第三个数位，我们发现a=2。因此，这个问题就是不可能的。没有一个生成N2的N！

第十章
克雷格定律

几周以后，克雷格又去拜访了一次麦卡洛克。

"我听说你已经优化了你的机器。"麦卡洛克说，"一些我们都认识的朋友告诉我，你的新机器可以做一些非常有趣的事情。是这样的吗？"

"啊，是的！"麦卡洛克带着骄傲的神态回答说，"我的新机器除了仍然遵守我的老机器的第一条和第二条规则外，还遵守另外两条规则。不过我刚把茶煮好，在我给你讲这些规则之前让我们还是先喝点茶吧。"

在喝过非常不错的茶再吃过涂了热黄油的美味松脆饼之后，麦卡洛克开始说道：

"我所说的一个数的反转的意思是把那个数倒过来写得到的数，比如，5934的反转是4395。现在，第一条附加规则是这样的。规则3：对于任何数X和Y，如果X生成Y，那么4X生成Y的反转。"

"让我来举例说明一下。"麦卡洛克说道，"随便取一个数Y。"

"好吧，"克雷格说，"假设我们取7695。"

"非常好，"麦卡洛克说，"让我们取一个生成7695的数，那么我们就取27695，然后把427695输入这台机器，再看接下来会发生什么。"

麦卡洛克于是把427695输入那台机器，过了足够长的时间之后，出来的是5967——果然是7695的反转。

"在我给你讲下一条规则之前，"麦卡洛克说，"让我先给你讲一下用这条规则，当然还要加上规则1和规则2，可以做些什么事。"

1. "你应该记得，"麦卡洛克说，"323这个数生成它自己。并且，对于我的旧机器来说，由于它没有内建规则3，而只有规则1和规则2，323这个数就是唯一自我生成的数。而用我现在的机器，情况就不一样了。你能够找到另外一个自我生成的数吗？并且，这样的数有多少个呢？"

这个问题并没有让克雷格花费太长时间就解决了。你能够解决它吗？（在后面的解答当中，我们会把克雷格自己的原话作为答案给出来。）

2. 在克雷格解释完他是如何解答的之后，麦卡洛克说："那太棒了，让我再向你提一个问题。如果一个数从正向和反向来读都是相同的，也就是说如果它等于它的反转，那么我就把它叫作对称的。比如，像58385或者7447这样的数就是对称的。那些不是对称的数，我把它们叫作非对称的——像46733或者3251这样的数。现在，因为323既生成它自己又是对称的，显而易见就有一个数，也就是323，生成它自己的反转。对于我的第一台机器来说，它没有规则3，也没有一个非对称数可以生成它自己的反转。但是有了规则3，就会有这样的一个数，事实上有几个这样的数哩。你能找到一个吗？"

3. 麦卡洛克说："而且，有些数生成它们自己的反转的伙伴。你能够找到一个吗？"

"现在，第二条新规则是这样的：规则4：如果X生成Y，那么5X生成YY。"麦卡洛克接着说道，"我把YY称作Y的重复。"

麦卡洛克然后向克雷格提出了下面的一些问题。

4. 找到一个生成它自己的重复的数。

5. 找到一个生成它自己的重复的反转的数。

6. "那就奇怪了。"麦卡洛克在克雷格解决了第5个问题之后说，"我得到的是一个不同的解，也是一个七位数。"

确实有两个七位数，它们都生成它们自己的重复的反转。你能够找到其中的第二个数吗？

7. "对于任意的数X来说。"麦卡洛克说，"显而易见的是，52X生成X的重复。你能够找到一个数X满足5X生成X的重复吗？"

克雷格考虑了一会儿，突然笑起来。它的解答原来是何其明显啊！

8. "再说，"麦卡洛克说，"有一个数生成它的伙伴的重复。你能够找到它吗？"

9. "另外，"麦卡洛克说，"有一个数生成它自己的重复的伙伴。你能够找到它吗？"

·运算数·

"你要知道，"克雷格十分平静地说，"我刚刚意识到几乎所有那些前面的问题都可以用一个一般原则来解决！你的机器有一个非常漂亮的性质。一旦认识到这一个性质，就不仅可能解决你已经向我提出来的那些问题，还可能解决数不胜数的其他一些问题！"

"比如，"克雷格继续说道，"必定有一个数生成它自己的伙伴的反转的重复，一个数生成它自己的反转的重复的伙伴，一个数——"

"多么不同寻常啊！"麦卡洛克打断了克雷格，"我以前寻找过这样的数，但是没有找到。它们都是哪些数呢？"

"一旦我告诉你这个定律，你就可以在几秒钟之内找到它们！"

"这个定律是怎么说的呢？"麦卡洛克恳求道。

"确实，"克雷格正欣欣然于自己的新发现给麦卡洛克带来了神秘感，他继续说道，"我甚至能够给你一个数X，它生成X的双重伙伴的反转的重复，或者一个数Y，它生成YYYY的双重伙伴的反转，或者一个数Z，它——"

"够啦！"麦卡洛克喊叫起来，"为什么你不直接告诉我这个定律是什么，稍后再来谈这些应用呢？"

"这才足够公平呀！"克雷格回答说。

这个时候，这个调查员捡起桌子上的一张纸，掏出一支铅笔，然后让麦卡洛克在自己的旁边坐下来以便麦卡洛克看见他正在写什么。

"首先，"克雷格说，"我假定你熟悉数的运算这个概念，比如一个数加1，或者一个数乘以3，或者求一个数的平方这样的运算，或者和你的机器更为相关的一些运算，取一个数的反转，取一个数的重复，取一个数的伙伴，或者像取一个数的伙伴的重复的反转这样一个更为复杂的运算。现在，我将使用F这个字母来代表某个任意给定的运算，而对任意一个数X，我用F(X)——读作'X的F'——来表示在X上执行运算F得到的结果。正如你当然知道的那样，这是标准的数学活动。那么举例来说，如果F是反转运算，那么F(X)就是X的反转，如果F是重复运算，那么F(X)就是X的重复，等等。

"现在，有某些数，实际上是由数字3、4或者5组成的任意数，由于它们决定了你的机器可以执行什么样的运算，我将把它们称作运算数：设M为任意一个由数字3、4或者5组成的数，并且设F为任意一个运算，我所说的M决定运算F的意思就是，对于任意满足X生成Y的两个数X和Y，MX这个数必定生成F(Y)。比如，如果X生成Y，那么根据规则3，4X生成Y的反转，所以我就会说4这个数决定或者代表反转运算。相似地，根据规则4，5这个数决定重复运算，3这个数决定伙伴运算，也就是取一个数的伙伴这一个运算。现在，假设F是这么一个运算，当它应用到任意一个数X的时候得到的是X的重复的伙伴。换句话说，F(X)是X的重复的伙伴。是否有一个数M代表这个运算呢，如果有，那么又是哪一个数呢？"

"显然是35，"麦卡洛克回答说，"因为如果X生成Y，5X生成Y的重复，从而35X生成Y的重复的伙伴。因而，35代表取一个数的重复的伙伴这一个运算。"

"对！"克雷格回答说，"我现在已经定义了一个运算数M代表一个运算意味着什么，我把这样的运算叫作运算M。那么举例来说，运算4就是反转运算，运算5就是重复运算，运算35就是取重复的伙伴这一个运算，等等。"

"有一个问题，"他继续说道，"两个不同的数可能代表同一个运算吗？也就是说，可能有两个运算数M和N满足M不同于N，但是运算M和运算N相同吗？"

麦卡洛克想了一会儿。他说："噢，当然！45和54这两个数是不同的，但是由于一个数的重复的反转和它的反转的重复是相同的，它们决定相同的运算。"

"好，"克雷格回答说，"不过我刚才想到的是一个与此不同的例子。首先来看，44代表什么样的运算呢？"

麦卡洛克说："哦，运算44应用到X上得到的是X的反转的反转，也就X自己。我不知道该给这样一个应用到任意一个数X只是得到X自己的运算起一个什么样的名字。"

"在数学当中，它一般被叫作等同运算，"克雷格评论道，"所以44这个数决定等同运算。但是4444，或者任何一个由偶数个4组成的数同样能够做到这一点，因而有无穷多个不同的数代表等同运算。并且更为一般的是，给定任意一个运算数M，那么M前面或者后面（或者前面后面都）加上偶数个4得到的数和M本身代表同一个运算。"

"我明白了。"麦卡洛克说。

克雷格说："那么现在，给定一个运算M和任意一个数X，我想对应用运算M到数X的结果给出一个方便的记法，我就简单地写作'M(X)'。比如，3(X)就是X的伙伴，4(X)就是X的反转，5(X)就是X的重复，435(X)就是X的重复的伙伴的反转。这个记法清楚吗？"

"噢，清楚。"麦卡洛克回答说。

"我相信，你从来不会把M(X)这个记号和MX混淆起来。前者意味着应用运算M到数X的结果，而后者是M这个数后面跟着X这个数得到的一个数，它们是非常不同的东西！比如，3（5）不是35，而是525。"

"我明白这一点，"麦卡洛克说，"但是可能基于某种巧合出现M(X)和MX相同这一情况吗？"

"好问题，"克雷格回答说，"我得考虑一下这个问题！"

"首先，让我们再喝一杯茶吧。"麦卡洛克建议道。

"好极了！"克雷格回答说。

当我们这两个朋友正在享受他们的茶的时候，我想向你提出一些关于运算数的谜题，它们将为我们正确使用M(X)这一记号提供很好的练习机会，而这一记号会在稍后扮演关键的角色。

10. 对于麦卡洛克最后一个问题的回答是肯定的：确实有一个运算M和一个数X满足M(X)=MX。你能够找到它们吗？

11. 有一个运算数M满足M(M)=M吗？

12. 找到一个运算数M和一个数X，它们满足M(X)=XXX。

13. 找到一个运算数M和一个数X，它们满足M(X)=M+2。

14. 找到M和X，它们满足M(X)是MX的重复。

15. 找到两个运算数M和N，它们满足M(N)是N(M)的重复。

16. 找到两个不同的运算数M和N，它们满足M(N)=N(M)。

17. 你能够找到两个运算数M和N，满足M(N)=N(M)+39吗？

18. 存在两个运算数M和N，满足M(N)=N(M)+492吗？

19. 找到两个不同的运算数M和N，它们满足M(N)=MM和N(M)=NN。

·克雷格定律·

"你仍然没有告诉我，你声称你已经发现的那个原则，"在他们喝完茶以后，麦卡洛克说，"我能够假定你前面对运算数和运算的谈论可以引到那个原则上来吗？"

克雷格回答说："噢，是的。并且我认为你现在快要掌握这个定律了。你还记得前面我向你提出来的某些问题吗？比如说，找到一个数X，它生成它自己的重复。换句话说，我们希望得到一个生成5(X)的数X。或者，当我们说要找到一个数生成它自己的伙伴的时候，我们想得到的是一个生成3(X)的数X。再或者，一个生成X的反转的数X就是一个生成4(X)的数。但是所有这些都是一个一般原则的特殊情况，这个一般原则就是，对于任意一个运算数M，必定有一个X生成M(X)！换句话说，给定任意一个你的机器可以执行的运算F，也即任意一个为某个运算数M决定的运算F，必定有一个X生成F(X)。

"另外，"克雷格继续说道，"给定一个运算数M，我们能够用一种非常简单的方法找到一个生成M(X)的X。一旦你知道这个一般方法，那么举例来说，你就能够找到一个生成534(X)的X，这也就解决了找到一个生成它自己的伙伴的反转的重复的X这样一个问题；另外，你也能够找到一个生成354(X)的X，这也就解决了找到一个生成它自己的反转的重复的伙伴的X这样一个问题。或者正如我告诉你的那样，我能够找到一个生成它自己的双重伙伴的反转的重复的数X——换句话说，一个生成5433(X)的X。离开了我心目中的这个方法，这样的问题可能就会变得异乎寻常的困难，但是有了它，这些问题就变得如同儿戏那么简单！"

"我洗耳恭听，"麦卡洛克说，"这个引人注目的方法是什么呢？"

"我这就告诉你，"克雷格说，"但是首先我们还是把一个基本事实搞一清二楚再说。这个事实就是，对于任意一个运算数M和任意两个数X和Y，如果Y生成Z，那么MY生成M(Z)。比如，如果Y生成Z，那么3Y生成3(Z)——也就是Z的伙伴，4Y生成4(Z)，5Y生成5(Y)，34Y生成34(Z)。并且类似地，如果Y生成Z，那么对于任意的运算数M[1]，都有MY生成M(Z)。尤其是，既然2Z是某个Y生成Z的一个例子，那么就总是有M2Z生成M(Z)。比如，32Z生成3(Z)——Z的伙伴，42Z生成4(Z)——并且对于任意的运算数M都有M2Z生成M(Z)。实际上，我们可以把M(Z)定义为由M2Z生成的那个数。"

"这些我全都明白。"麦卡洛克说道。

"哦，"克雷格回答说，"下面这个事实非常简单以至于常常被人忘却，所以让我们再重复一次，以便我们认认真真地把它记下来然后好好地记住它！

"事实1：对于任意一个运算数M和任意两个数Y和Z，如果Y生

1　原文顺序为"对于任意的运算数M，如果Y生成Z"，现根据文义做了调整以使表达更为清晰。——译者注

成Z，那么MY生成M(Z)。尤其是，M2Z生成M(Z)。"

克雷格继续说："由这个事实以及你在第一台机器上发现并且仍然在你现在的机器上成立的一个事实，我们很容易地得出，给定任意一个运算M，必定有某个数X生成M(X)——X生成应用运算M到X之上的结果。并且，对于给定的M，这样一个X可以通过一种简单的方法找到。"

20. 克雷格已经发现了一个基本原则，也就是，对于任意一个运算数M，必定有某个数X生成M(X)。从此以后我们把它叫作克雷格定律。你怎样证明克雷格定律呢，并且对于给定的一个M，你怎样找到这样一个X呢？比如，什么样的X生成543(X)呢？换句话说，什么样的X生成X的伙伴的反转的重复呢？并且什么样的X生成X的反转的重复的伙伴，也就是354(X)呢？

"我还有一些问题想要问你，"麦卡洛克说，"但是，今天实在是太晚了。为什么你不在这儿过一夜呢？明天我就可以对你讲那些问题啦。"

碰巧克雷格当时正在休假，所以他就愉快地接受了麦卡洛克的邀请。

·克雷格定律的一些变体·

第二天早上，在丰盛的早餐（麦卡洛克是一个非常好客的主人）过后，麦卡洛克向克雷格提出了下面的这些问题：

21. 找到一个数X，它生成7X7X。

22. 找到一个数X，它生成9X的反转。

23. 找到一个数X，它生成89X的伙伴。

"你太狡猾啦！"克雷格在解决完这些问题之后惊叹道，"这三个问题当中没有一个可以用我昨天给出的定律来解决。"

"那就对啦！"麦卡洛克笑着说道。

克雷格说："但是，这三个问题都可以用一个共同的原则加以解决。首先，7、5以及89这些特别的数事实上是完全任意的，也就是说，给定任意一个数A，有一个X生成AX的重复，有一个X生成AX的反转。再说，给定任意一个数A，还有一个X生成AX的伙伴，也有一个X生成AX的反转的重复，或者AX的伙伴的反转。这个共同原则就是，给定任意一个运算数M，给定任意一个数A，必定有一个X生成M(AX)，其中M(AX)也就是应用运算M到AX这个数上得到的那个数。"

24. 当然，克雷格是对的：给定任意一个运算数M和任意一个数A，必定有一个X生成M(AX)。让我们把这个原则称作克雷格第二定律吧。你怎样证明这个原则呢，并且在给定一个运算数M和一个数A的情况下，你怎样明确地找到一个生成M(AX)的X呢？

25. 麦卡洛克说："我刚才在考虑另外一个问题。对于任意一

个数X，我们用 X̅ 代表X的反转。你能找到一个数X，它生成 X̅67

吗？也就是说，是否有一个X生成X的反转后面跟着67而形成的

那个数呢？一般而言，对于任意一个数A，是否真的有一个X生成

X̅A呢？"

26. "我想到另外一个问题，"麦卡洛克说，"是否有一个数X

生成 X̅67 的重复呢？换句话说是，对于任意一个A，是否真的有某

个X生成 X̅A 的重复呢？或者是，对于任意一个A以及任意一个运算

数M，是否真的必定有某个X生成 M(X̅A) 呢？"

讨论：克雷格定律不仅对于麦卡洛克的第二台机器来说是成立

的，对于他的第一台机器来说也是成立的——而且事实上，对于任

何同时遵守规则1和规则2的可能机器来说都是成立的。也就是说，无

论我们如何通过增加新规则来扩展麦卡洛克的第一台机器，得到的机

器仍然遵守克雷格定律，事实上也同时遵守克雷格的第二个定律。

克雷格第一定律和可计算函数理论当中的一个被称作递归定理

或者有时候被称作不动点定理的著名结果相关。麦卡洛克的规则1

和规则2是我所见过的能够获得这个结果的所有规则集合当中最经

济的了。它们还有另外一个令人惊奇的性质，这个性质和可计算函

数理论当中被称作双重递归定理的另外一个著名结果相关，在下一

章当中我们会解释这一性质。所有这一切都和自我繁殖的机器以及

克隆这一主题有关系。

1.克雷格说:"对于你现在的机器来说,有无穷多个不同的数可以生成它们自己。"

"对!你如何证明这一点呢?"麦卡洛克说。

"哦,"克雷格回答说,"让我们把一个数S称作一个A-数,如果对于任意两个满足X生成Y的数X和Y,SX生成Y的伙伴。现在,在你添加那条新规则之前,3是仅有的A-数。对于你现在的机器来说,却有无穷多个A-数,而且对于任意的A-数S来说,由于S2S生成S的伙伴也就是S2S,S2S这个数必定生成它自己。"

"你怎么知道有无穷多个A-数呢?"麦卡洛克问道。

克雷格回答说:"首先,你承认对于任意两个数X和Y,如果X生成Y那么44X也生成Y吗?"

"聪明的观察!"麦卡洛克回答说,"当然你是对的。如果X生成Y,那么4X生成Y的反转,从而44X必定生成Y的反转的反转,也就是Y自己。"

"好的,"克雷格说,"所以如果X生成Y,那么44X也会生成Y,从而344X会生成Y的伙伴。因而,344也是一个A-数。既然344是一个A-数,那么3442344必定生成它自己。"

麦卡洛克说:"非常好!所以现在我们有两个数,323和3442344,它们都分别生成它们自己。但是这一点如何为我们提供无穷多个这样的数呢?"

"显而易见的是,"克雷格说,"如果S是一个A-数,那么S44同样是一个A-数,因为对于任意两个数X和Y,如果X生成Y,那么44X同样生成Y,而由于S是一个A-数,S44X就会生成Y的伙伴。所以,3是一个A-数,从而344也是,从而34444也是,并且以此类推，3后面跟着偶数个4而形成的数就是一个A-数。所以323生成它自己，3442344也生成它自己，34444234444也生成它自己，如此等等。这样一来，我们就有无穷多个答案。"

"顺便说两句，"克雷格补充说，"这些数还不是仅有的答案。443和44443这两个数也是A-数，事实上，任意由偶数个4后面跟着3再跟着偶数个4而形成的数，诸如4434444，都是一个A-数。并且对于每一个这样的数S，S2S都生成它自己。"

2. 4323是一个答案。既然243生成43，那么3243生成43的伙伴。因而43243必定生成43的伙伴的反转，而由于43243是43的伙伴，后者也就是43243的反转。所以43243生成它自己的反转。

现在，读者也许正在疑惑是如何发现43243这个数的。是通过长度比较的论证方法发现它的吗？不，用长度比较的论证方法来证明关于现在这台机器的事情是十分笨拙的。这个答案是通过克雷格定律找到的，我们将在本章后面看到这一点。

3. 一个答案是3432343。我们让读者自己来计算3432343这个数生成的数，计算出来之后读者就会看到它的确是3432343的反转的伙伴。这个答案同样也是通过克雷格定律找到的。

4. 53253就行。克雷格定律再一次是找到这个答案的关键工具。

5. 4532453是一个答案。

6.5432543是另外一个答案。

7. 一旦我们知道某个数生成它自己，那么这个问题的解答就是显而易见的了。如果X生成X，那么5X当然生成X的重复。举例来说，5323生成323的重复。

8.5332533是一个答案。再一次利用了克雷格定律。

9.3532353是一个答案。它也是利用克雷格定律找到的。我希望我正在调动读者对深入了解克雷格定律的胃口。

10.5(5) = 55。因为5(5)是5的重复。所以我们取M为5，也取X为5。我从来没有说过M和X必须是不同的！

11. 4(4) = 4。由于4(4)是4的反转，也就是4。所以M = 4就是一个解答。实际上任何只由4构成的字符串都可以。

12. 试一下M = 3和X = 2。3(2) = 222。

13.4(6)=6，并且6 = 4 + 2，所以4(6) = 4 + 2。所以M = 4而X = 2。

14. M = 55，X = 55是一个解答。

15. M = 4，N = 44是一个解答。

16. M = 5，N = 55是一个解答。

17. M = 5，N = 4是一个解答。

18. M = 3，N = 5是一个解答。

19. M = 54，N = 45是一个解答。

20. 设M是任意一个运算数。我们由事实1知道，对于任意两个数Y和Z，如果Y生成Z，那么MY生成M(Z)。取Z为MY，因而就有，如果Y生成MY，那么MY必定生成M(MY)。所以如果取MY为X，那么X这个数就会生成M(X)！所以，这个问题就归结为寻找某个生成MY的Y。但是这个问题在上一章当中已经利用麦卡洛克定律加以解决了，解答也就是取Y为32M3！所以对于X来说，我们取M32M3，X就会生成M(X)。

让我们复核一下。设X = M32M3。既然2M3生成M3，那么根据规则2，32M3生成M32M3，从而M32M3生成M(M32M3)。所以X生成M(X)，其中X为M32M3。

现在来看看这个结果的一些应用。为了找到一个生成X的重复的X，我们取M为5，所以相应的解答（更确切地说是一个解答）就是53253。为了找到一个生成它自己的反转的X，我们取M为4，那么X就是43243。为了找到一个生成它自己的反转的伙伴的X，我们取M为34，那么一个解答就是3432343。

对于麦卡洛克的第一个问题，也即找到一个生成它自己伙伴的反转的重复的X，我们取M为543（其中5代表重复，4代表反转，而

3则代表伙伴），那么这个解答就是543325433。读者可以直接验证543325433是否生成543325433的伙伴的反转的重复。对于麦卡洛克的第二个问题，也即找到一个生成它自己的反转的重复的伙伴的X，我们就取M为354，由此得到354323543这个解答。

克雷格定律真是了不起啊！

21，22，23，24. 问题21、22和23都是问题24的特殊情况而已，所以我们首先解决问题24。

给定我们一个运算数M以及一个任意数A，而我们希望找到一个X，它生成M(AX)。这里的诀窍在于找到某个Y，它不生成MY但是生成AMY：让我们取Y为32AM3。既然Y生成AMY，那么根据事实1，MY必定生成M(AMY)。因而再取X为MY，那么X就会生成M(AX)。既然我们已经取Y为32AM3，那么我们的X就是M32AM3。所以M32AM3就是我们所希望得到的解答。

为了把这个结果应用到问题21上，我们首先需要注意7X7X直接就是7X的重复，所以我们想要的是一个生成7X的重复——取A为7的话也就是AX的重复——的X。所以A就是7，而且显而易见的是，由于5代表重复运算，我们就会取M为5，所以这个解答就是532753。读者可以直接验证532753确实是会生成532753的重复的。对于问题22，A则为9，并且我们取M为4，那么相应的解答就是432943。对于问题23，A为89，并且我们取M为3，所以相应的解答就是3328933。

25. 是的，对于任意一个数A，都有一个X生成X̄A，也就是432Ā43。对于其中A为67这样一个特别的问题，Ā就是76，所以相应的解答就是4327643。

26. 对于最为一般的情形而言，诀窍在于认识到$\overleftarrow{X}A$是$\overleftarrow{AX}$的反转，以及由此而来的$M(\overleftarrow{X}A) = M4(\overleftarrow{AX})$。根据克雷格第二定律，一个生成$M4(\overleftarrow{AX})$的X就是$M432\overleftarrow{A}M43$，这也是一个解答。特别地，取M为5而A为67，一个生成$\overleftarrow{X}67$的重复的X就是543276543（读者可以直接验证这一点）。

第十一章

弗格森定律

现在我们要讨论关于麦卡洛克的机器的一个有趣而且更进一步的发展。在上次会面之后大约两周，麦卡洛克收到克雷格寄来的下面这么一封信：

亲爱的麦卡洛克：

我对你的数字机器极其着迷，我的朋友弗格森也是这样。你认识弗格森吗？他正在积极研究纯粹逻辑，而且也建造了几台逻辑机器。但是他的兴趣更为广泛，举例来说，他对那类被称作回溯分析的象棋问题非常感兴趣。他对纯粹的组合问题也有强烈的兴趣，而你的机器如此巧妙地提供的那些问题就属于这一类。我上周去拜访了他，把你上次给我的所有问题都给了他，他极其着迷。三天之后我遇见他，他对你的机器评论了几句，其大意是怀疑你的两台机器都有某些有趣的性质甚至还没有为它们的发明者所认识！他对于这一切感觉有点模糊不清，并且说他想花更多的时间来认真思考这个事情。

弗格森下周五的晚上会来和我一起共进晚餐。为什么你不来加入我们呢？我确信你们两个人会有很多共同之处，而且探明他关于你的机器究竟有一些什么样的想法也许是非常有趣的。

希望到时候能见到你。

你真挚的朋友

L.克雷格

麦卡洛克很快做了回复：

亲爱的克雷格：

　　不，我没有见过马尔科姆·弗格森，但是我从我们都认识的一些朋友那儿听说过他的很多事情。他不是杰出的逻辑学家戈特洛布·弗雷格的一个学生吗？我知道他正在研究数学的整个基础当中的一些基本观念，而我当然乐于接受这个和他见面的机会。不用说，我对他关于我的机器有些什么样的想法也非常好奇。感谢你的邀请，我很高兴地接受这个邀请。

你诚挚的朋友
N.麦卡洛克

　　两个客人都到了。在享用过由克雷格的女房东霍夫曼夫人准备的丰盛晚宴之后，数学讨论就开始了。

　　"我知道你已经建造了一些逻辑机器，"麦卡洛克说，"我想知道更多关于它们的事情。你可以向我解释一下吗？"

　　"啊，说来话长，"弗格森回答说，"我至今还没有解决它们在运算上的一个基本问题。为什么你和克雷格不找个时间来参观一下我的工作室呢？到时候我就可以告诉你们整个故事。但是今天晚上，我更愿意谈论你的机器。正如我在几天前告诉克雷格的那样，我怀疑它们有某些甚至你也没有注意到的性质。""这些性质是什么呢？"麦卡洛克问道。

　　1.弗格森回答说："哦，让我们从一个关于你的第二台机器的具体例子开始吧。有两个数X和Y，它们满足X生成Y的反转而Y生成X的重复。你可以找到它们吗？"

克雷格和麦卡洛克对这个问题都很着迷，并且立即动手尝试解决它。可是没有一个人成功。这个问题当然是可以解决的，而踌躇满志的读者也许也喜欢自己试手解决它。这里涉及一个基本原则，我们将会在本章的后面详细地解释它。一旦读者知道了这个原则，他就会欣喜于这件事情实际上是多么简单。

2.在弗格森把解答告诉他们之后，克雷格说："我完全给弄糊涂了。我明白你的解答是正确的，但是你究竟是如何发现它的呢？你是仅仅碰巧找到X和Y这两个数的呢，还是你有某个合理方案用来发现它们呢？对我来说，它看起来就像一种魔术把戏！"

"是的。"麦卡洛克说，"这就像从一顶帽子里抓出一只兔子来一样！"

"啊，是的。"弗格森笑着，他完全沉浸在让他们陷入困惑而为自己带来的喜悦之中，"只不过看起来我从一顶帽子里面抓出来的是两只兔子，它们当中的每一只对于另外一只都有一种奇特的影响。"

克雷格回答说："那是当然！只是我想知道你是怎样知道要抓哪一只兔子的！"

"好问题，好问题！"弗格森回答说，更是前所未有的扬扬得意，"现在让我们再来试试另外一个。找到两个数X和Y，它们满足X生成Y的重复而Y生成X的伙伴的反转。"

"噢，不！"麦卡洛克尖叫起来。

克雷格说："等一会儿，我想我开始有了一个想法。弗格森，你想告诉我们的是，对于那台机器能够执行的任意两个运算，分别给定对应的运算数M和N，必定有两个数X和Y满足X生成M(Y)和Y生成N(X)这个性质吗？"

"完全正确！"弗格森感叹道，"那么举例来说，我们能够找到两个数X和Y满足X生成Y的双重伙伴而Y生成X的反转的重复，或者其他任何你能够叫出来的组合。"

麦卡洛克尖叫道："嗳，那是多么引人注目的一个性质啊！最近许多天，我一直在试图建造一个恰好拥有这个性质的机器，却一点都没有意识到我已经有这么一台机器了。"

"毫无疑义，你现在意识到了。"弗格森回答说。

"你怎么证明这一点呢？"麦卡洛克问。

"哦，让我们一步步地建立起这个证明来吧。"弗格森回答说，"这件事情的核心其实在于你的规则1和规则2。所以让我们首先看看你的第一台机器，也就是那台仅仅使用了这两条规则的机器，看看是否能够发现一些什么有用的东西吧。我们将从一个简单的问题开始：仅仅使用规则1和规则2，你们能够找到两个不同的数X和Y满足X生成Y而且Y生成X吗？".

克雷格和麦卡洛克马上动手尝试解决这个问题。

克雷格咯咯一笑，说："噢，当然！它显然可以从麦卡洛克几周之前告诉我的某件事情当中推出来。"

你能够找到这样的一个X和Y吗？

3. "现在，"弗格森说，"对于任意一个数A，有两个数X和Y满足X生成Y并且Y生成AX。给定一个A，你们知道怎样找到这样的一个X和一个Y吗？比如，你们能够找到两个数X和Y满足X生成Y并且Y生成7X吗？"

"我们仍然只能使用规则1和规则2，还是我们也可以使用规则3和规则4呢？"克雷格问。

"你们仅仅需要规则1和规则2。"弗格森回答说。

克雷格和麦卡洛克于是开始尝试解决那个问题。

"我找到一个解答了！"克雷格说。

4. 麦卡洛克在克雷格讲解了他的解答之后说："有趣的是，我找到了一个不同的解答！"

确实有第二个解答。你能够找到它吗？

5. 弗格森说："现在，我们要谈论到的是一个真正关键的性质：仅仅从规则1和规则2，我们可以得出，对于任意两个数A和B，都存在两个数X和Y满足X生成AY并且Y生成BX。比如，存在两个数X和Y满足X生成7Y并且Y生成8X。你们能够找到它们吗？"

6. "很容易从最后一个问题，"弗格森说，"或者甚至更直接地从克雷格第二定律推出，对于任意两个运算数M和N，必定存在X和Y满足X生成M(Y)并且Y生成N(X)。这不仅对你现在的机器成立，也对任意至少遵守规则1和规则2的机器成立。对于你现在的机器，举例来说，就有两个数X和Y满足X生成Y的反转并且Y生成X的伙伴。你们能够找到它们吗？"

7. "那太有趣啦。"在弗格森和克雷格解决了最后一个问题之后，麦卡洛克对弗格森说，"现在，我想到这么一个问题，我的机器遵守一条和克雷格第二定律类似的'两重数'规则吗？也就是说，给定两个运算数M和N以及两个数A和B，必然存在两个数X和Y满足X生成M(AY)并且Y生成N(BX)吗？"

"噢，是的，"弗格森回答说，"比如，有两个数X和Y满足X生成7Y的重复并且Y生成89X的反转。"

你能够找到这样的数吗？

8. "我想到另外一个问题。"克雷格说，"给定一个运算数M和一个数B，必然有一个X和一个Y满足X生成M(Y)而且Y生成BX吗？比如，有两个数X和Y满足X生成Y的伙伴而Y生成78X吗？"

有吗？

9. "事实上，"弗格森说，"许多其他的组合也是可能的。给定任意两个运算数M和N与任意两个数A和B，你可以分别[1]找到两个数X和Y满足下面的各组条件，你如何证明这些事实呢？"

1　根据中文表达的需要添加"分别"。——译者注

（a）X生成M(AY)并且Y生成N(X)。

（b）X生成M(AY)并且Y生成BX。

（c）X生成M(Y)并且Y生成X。

（d）X生成M(AY)并且Y生成X。

10. 三重数以及更多

"哦，我想象我们已经把所有可能的情况都考虑到了。"克雷格说。

弗格森回答说："实际上并没有。迄今为止，我向你们展示的仅仅是一点开头的东西。举例来说，你们知道有三个数X、Y和Z满足X生成Y的反转，Y生成Z的重复而且Z生成X的伙伴吗？"

"噢，不！"麦卡洛克感叹道。

"噢，是的，"弗格森加入进来说道，"给定任意三个运算数M、N和P，必定有三个数X、Y和Z满足X生成M(Y)、Y生成N(Z)以及Z生成P(X)。"

读者朋友们知道如何证明这一点吗？尤其是，什么样的数X、Y以及Z满足X生成Y的反转，Y生成Z的重复而且Z生成X的伙伴呢？

"当然，"在克雷格和麦卡洛克解决了这个问题之后，弗格森说，"这个'三重'定律可能有各种各样的变体。比如，给定任意三个运算数M、N和P以及任意三个数A、B和C，有三个数X、Y和Z满足X生成M(AY)、Y生成N(BZ)而且Z生成P(CX)。如果你忽略掉A、B和C这三个数当中的任意一个或者两个，它也是成立的。我们也能够找到三个数X、Y和Z满足X生成AY、Y生成M(Z)而且Z生成

N(BX)。各种各样的变体都是可能的，你们可以在闲暇的时候去设计出这些变体来。"

他继续说道："并且，相同的想法对于四个或者更多的运算数也是可行的。比如，我们可以找到四个数X、Y、Z以及W满足X生成78Y，Y生成Z的重复，Z生成W的反转而且W生成62X的伙伴。这种可能性实际上是没有止境的。它们都根源于规则1和规则2当中内在的令人惊奇的力量。"

解 答

1. 一个解答是取X = 4325243，Y = 524325243。由于25243生成5243，那么325243生成5243的伙伴，也就是524325243。由于325243生成Y，那么4325243生成Y的反转，但是4325243就是X。因此X生成Y的反转。并且显而易见的是，Y生成X的重复（因为Y是52X，而且由于2X生成X，52X生成X的重复）。因此X生成Y的反转而且Y生成X的重复。

2. 克雷格回想起麦卡洛克定律来：对于任意一个数A，有某个数X（也就是32A3）生成AX。特别地，如果我们取A为2，那么有一个数X（也就是3223）生成2X。而且当然还有2X反过来生成X。所以3223和23223是一对符合要求的数，3223生成23223而23223生成3223。

3. 克雷格是用下面的方法来解决这个问题的。他推断出，只需要找到某个生成27X的X就可以了。于是，如果我们设Y = 27X，那么X生成Y而且Y生成7X。并且，他还发现有一个X，也就是32273，生成27X。所以克雷格的解答是X = 32273，Y = 2732273。

当然，这个方法不仅对7这个特别的数来说是可行的，而且对任意一个数A都是可行的：如果我们设X = 322A3，并且Y = 2A322A3，那么X生成Y并且Y生成AX。

4. 另一方面，麦卡洛克是用下面的方法来解决这个问题的。他推断出，只需要找到某个生成72Y的Y就可以了。于是，如果我们设X就是2Y，那么X生成Y并且Y生成7X。我们知道怎样找到这样一个Y：取Y = 32723。所以麦卡洛克的解答就是X = 232723，Y = 32723。

5. 只需要找到一个生成A2BX的X就可以了。于是，如果我们设Y = 2BX，那么X生成AY并且Y生成BX。32A2B3就是这样一个生成A2BX的X。所以X = 32A2B3，Y = 2B32A2B3就是一个解答。在A = 7，B = 8这一特殊情况下，这个解答就是X = 327283，Y = 28327283。

6. 让我们首先用克雷格第二定律来解决这个问题。我们可以回想起来，这个定律说的是对于任意的运算数M和任意的数A，有一个数X（也就是M32AM3）生成M(AX)。现在，取任意两个运算数M和N。取A为N2，那么根据克雷格第二定律，就有一个数X（也就是M32N2M3）生成M(N2X)。并且理所当然的是，N2X生成N(X)。所以，如果我们设Y为N2X，那么X生成M(Y)而Y生成N(X)。因而，一个解答就是X = M32N2M3，Y = N2M32N2M3。对于弗格森提出来的那个特殊问题来说，我们取M为4而N为3，那么相应的解答就是X = 432243，Y = 324323243。

读者可以直接检验是否有X生成Y的反转而且Y生成X的伙伴——后半部分是特别明显的。

我们也能用下面的方法来解决这个问题。根据问题5的解答，我们知道有两个数Z和X满足Z生成NW而且W生成MZ（也就是说，Z = 32N2M3，W = 2M32N2M3）。然后，根据上一章当中的事实1，MZ生成M(NW)并且NW生成N(MZ)；所以如果设X为MZ而Y为NW，那么就有，X生成M(Y)而且Y生成N(X)。我们因而得到解答X =

M32N2M3，Y＝N2M32N2M3。

7. 我们现在需要一个生成M(AN2BX)的X。根据克雷格第二定律，这样的一个X就是M32AN2BM3。于是我们取Y为N2BX。那么X生成M(AY)，而且Y（也就是N2BX）也就明显地生成N(BX)。所以这个一般的解答（或者至少是这样一个一般的解答）就是X＝M32AN2BM3，Y＝N2BM32AN2BM3。对于那个特殊问题来说，显而易见的是，我们取M为5，N为4，A为7，B为89。

8. 根据克雷格第二定律，有一个生成M(2BX)的X——也就是，X＝M322BM3。于是设Y为2BX。所以X生成M(Y)而且Y生成BX。对于那个特殊问题，我们取M为3而B为78，由此得到一个解答X＝33227833，Y＝27833227833。

9. （a）取一个生成M(AN2X)的X，并且取Y为N2X。（我们可以取X为M32AN23，Y为N2M32AN23），那么X生成M(AY)并且Y生成N(X)。

（b）取一个生成M(A2BX)的X，并且取Y为2BX。（所以现在的一个解答就是X＝M32A2B3，Y＝2BM32A2B3。）

（c）如果X生成M(Y)并且Y＝2X，我们就有一个解答，所以取X＝M322M3，Y＝2M322M3。

（d）如果X生成M(AY)并且Y＝2X，我们就有一个解答，所以取X＝M32A2M3，Y＝2M32A2M3。

10. 根据克雷格第二定律，有一个生成M(N2P2X)的X——也就是

X = M32N2P2M3。设 Y = N2P2X，所以 X 生成 M(Y)。设 Z = P2X，则 Y = N2Z，因而 Y 生成 N(Z)。并且 Z 生成 P(X)。

所以它的解答就可以明确地写成 X = M32N2P2M3，Y = N2P2M32N2P2M3，Z = P2M32N2P2M3。

对于那个特别的问题来说，对应的解答就是 X = 432523243，Y = 5232422523243，并且 Z = 32432523243。

读者可以通过直接计算验证 X 生成 Y 的反转，Y 生成 Z 的重复，并且 Z 生成 X 的伙伴。

附带说一下的是，给定任意三个数 A、B 以及 C，我们能够找到三个数 U、V 以及 W，它们满足 U 生成 AV，V 生成 BW，以及 W 生成 CU：只要取一个生成 A2B2CU 的 U（如果我们使用克雷格第二定律的方法，那么 U = 32A2B2C3）。然后设 V = 2B2CU，而 W = 2CU。那么 U 生成 AV，V 生成 BW，并且 W 生成 CU。如果现在 A、B 以及 C 都是运算数，那么就取 X = AV，Y = BW，以及 Z = CU，就有 X 生成 A(Y)，Y 生成 B(Z)，并且 Z 生成 C(X)，因此我们就有了解决这个问题的另外一个方法。

第十二章

插曲：让我们来推广吧！

　　在上次三个人会谈之后两天，克雷格突然而且十分出人意料地被苏格兰场派到挪威，去处理一个尽管有趣但是跟我们这里的问题没有关系的案子。在他离开的这段时间里，我将利用这个机会向你们奉上一些我个人关于麦卡洛克数字机器的想法。那些非常急于找到蒙特卡洛之锁谜案的答案的读者如果愿意，也可以先跳过这一章稍后再回来读它。

　　数学家非常喜欢推广！典型的情况是，一个数学家X证明了一个定理，而这个定理发表六个月之后，就有一个数学家Y冒出来，自言自语地说："啊哈，X已经证明了一个非常漂亮的定理，但是我能够证明某个更一般的结果！"所以他就发表了一篇题为"X定理的一个推理"的论文。或者Y也许更狡猾一些，他就会采取下面的做法：他首先偷偷地推论X的证明，然后得到他自己的推理的一个特殊情形，而且这个特殊情形看起来是如此不同于X的原始定理以至于Y能够把它作为一个新的定理来发表。然后，当然就会出现另外一个数学家Z，他因为感觉到在某个地方有某个具有重要性质而且为X的定理和Y的定理所共有的东西而困扰，在大量的努力之后他找到了一个公共的原则。Z然后发表了一篇论文，他在其中陈述和证明了这个新的原则，并且补充说："根据下面的论证······ X 的定理和Y的定理都能够作为我的定理的特殊情形而被得到。"

哦，我也不例外，所以我希望首先指出麦卡洛克的机器的某些我怀疑麦卡洛克、克雷格以及弗格森都没有认识到的特征，然后我想要做一些推广。

当我回顾对麦卡洛克第二台机器的讨论的时候，首先触动我的事情就是，一旦引入了规则4（重复规则），我们就不再需要规则2（伙伴规则）来获得像克雷格定律或者弗格森定律之类的定律了！事实上，我们可以来看看一个仅仅使用规则1和规则4的机器：对于这样一台机器，我们能够找到一个生成自己的数；我们能够找到生成它自己的重复的数；给定任意的A，我们能够找到一个生成AX的数X，我们能够找到一个生成AX的重复的X或者一个生成AX的重复的重复的X。还有，仍然假设规则2已经从麦卡洛克机器当中删除的话，那么，我们就能找到一个生成它自己的反转的X或者一个生成它自己的反转的重复的X，或者（对于任意的A[1]）一个生成AX的反转的X或者一个生成AX的反转的重复的X。还有，假设我们考虑的是一个遵守麦卡洛克的规则1、规则2以及规则4（除了规则3，也就是反转规则）的机器。现在有两个不同的方法构建一个生成它自己的伙伴的数；有两个方法构建一个生成它自己的重复的数；两个构建一个生成它自己的重复或者它自己的伙伴的重复的数。

1　原文没有考虑到句号已经截断了文义，现根据文义补充这一条件。——译者注

最后，对于任意一个至少满足规则1和规则4的机器来说，克雷格的那些定律和弗格森的那些定律全都成立。因此，我们也可以对前两章的大部分问题提供一个采用规则4而不是规则2的替代方法。（读者朋友你能够明白所有这一切是如何做到的吗？如果不能，下面将给出详细的解释。）

　　我可以说的多得多，但还是长话短说吧，我将用下面三个事实的形式总结我主要的观察结果：

　　事实1：正如任何遵守规则1和规则2的机器也遵守麦卡洛克定律（亦即对于任意的A，都有某个生成AX的X）的机器一样，任何遵守规则1和规则4的机器也遵守这个定律。

　　事实2：任何遵守麦卡洛克定律的机器也遵守克雷格的两个定律。

　　事实3：任何既遵守克雷格第二定律又遵守规则1的机器也遵守所有的弗格森定律。

　　读者朋友，你知道如何证明这三个事实吗？

让我们先来看一个遵守规则1和规则4的机器。对任意的X，52X生成XX，因而如果我们取X为52，我们就会看到5252生成5252。所以我们就有一个生成它自己的数。还有，552552生成它自己的重复。还有，对于任意的A，为了找到一个生成AX的X，我们就取X为52A52（它生成A52的重复，也就是A52A52，也就是AX）。这就证明了事实1。（如果我们想要找到一个生成AX的重复的X，那么取X为552A552。）

现在，让我们来看一个遵守麦卡洛克的规则1、规则3以及规则4的机器。一个生成它自己的反转的数是452452。（它生成452的重复的反转，换句话说就是452452的反转。）（可以拿它和前面的解答43243做一个比较。）比较一个生成它自己的反转的重复的数是54525452。（可以拿它和前面的解答5432543做一个比较。）

现在，再来看一个遵守规则1、规则2以及规则4的机器。我们知道33233生成它自己的伙伴，352352也是这样的一个数。至于要找一个生成它自己的重复的X，我们已经有了35235和552552这两个解答。至于要找一个生成它自己的重复的伙伴的数，一个解答是3532353，另一个是35523552。至于要找一个生成它自己的伙伴的重复的数，一个解答是5332533，而另一个是53525352。

现在，来看任意一个至少遵守麦卡洛克机器的规则1和规则4的机器。给定一个运算数M，一个生成M(X)的X是M52M52（可以拿它和前面使用规则2而不是规则4得到的解答M32M3做一个比较）。而给定一个运算数M和一个数A，一个生成M(AX)的X是M52AM52（可以拿它和前面的解答M32AM3做一个比较）。这就证明了从规则1和规则4我们能够得到克雷格的两个定律。但是，我已经在事实2当中陈述了麦卡洛克定律本身就足以得到克雷格的两个定律这一更为一般的命题，而这个命题可以使用第十章中的证明方式加以证明——这种证明方式就是，给定一个运算数M，有某个Y生成MY，从而MY生成M(MY)，X生成M(X)，其中X＝MY。并且对于任意的A，如果有某个Y生成AMY，那么MY生成M(AMY)，所以对X＝MY就有X生成M(AX)。

至于事实3，它可以像在上一章当中那样得到证明。比如，给定运算数M和N，如果克雷格第二定律成立，那么有某个X生成M(N2X)，并且如果我们取Y为N2X，那么就有X生成M(Y)而Y生成N(X)。

第十三章
其中的关键

克雷格在挪威的事务所花费的时间比预料的要少一些，他回到家的时候正好距离他出发那天三个星期。当他回到家的时候，他发现了麦卡洛克给他的留言：

亲爱的克雷格：

如果我万一在星期五，也就是五月十二日之前回来，那么我将非常愿意邀请你共进晚餐。我已经邀请了弗格森。

向您致以最好的问候。

诺曼·麦卡洛克

"太棒了！"克雷格自言自语道，"我回来得正是时候！"

当克雷格到达麦卡洛克家的时候，弗格森已经在那里好几刻钟了。

"哦，哦，欢迎回来！"麦卡洛克说。

"当你离开的时候，"弗格森说，"麦卡洛克发明了一个新的数字机器！"

"噢？"克雷格回答说。

"并不全是我一个人发明的，"麦卡洛克说，"弗格森也有部分功劳。但是这台机器极其有趣，它有下面四条规则：

M—Ⅰ：对于任意的数X，2X2生成X。

M—Ⅱ：如果X生成Y，那么6X生成2Y。

M—Ⅲ：如果X生成Y，那么4X生成Y箭头（这点和前面一台机器一样）。

M—Ⅳ：如果X生成Y，那么5X生成YY（这点和前面一台机器一样）。

"这台机器拥有我前面一台机器的所有漂亮性质——它遵守你的两个定律也遵守弗格森定律的那些双重版本。"麦卡洛克说。

克雷格非常深入地研究了一会儿这些规则。

"我没有能够取得一点进展，"他最后说，"我甚至不能够找到一个生成它自己的数。有这样的数吗？"

"噢，有啊，"麦卡洛克回答说，"尽管要在现在的机器中找到它们比在我的前一台机器当中找到要困难得多。事实上，我无法解决这个问题，尽管弗格森可以解决它。我们所找到的那些生成它自己的数当中最短的也是十位数。"

克雷格再一次陷入沉思当中。"诚然，前两条规则还不足以保证我们获得这样一个数，是吗？"

"当然不足以！我们需要所有四条规则才能得到这样一个数。"麦卡洛克回答说。

"太不寻常啦！"克雷格说道，然后又一次开始深入地研究。

"天哪！"他突然大声叫道，差不多从他的椅子里面跳了起来，"哎呀，这就解决了蒙特卡洛之锁谜题啦！"

"你究竟在说什么呀？"弗格森问道。

"噢，对不起！"克雷格说道，然后告诉了他们关于蒙特卡洛之锁的整个事情。

"我相信你们会在这件事情上保密，"克雷格最后说，"现在，麦卡洛克，如果你会告诉我一个生成它自己的数，那么我就能够马上找到一个可以打开那把锁的组合密码。"

所以，这里就有三个谜题需要读者朋友来解决：

（1）在这台最新的机器当中，什么样的一个数X生成它自己？

（2）什么样的组合密码可以打开那把锁？

（3）上面这两个问题是如何关联起来的？

结　语

第二天一大早，克雷格就派出一个可靠的信使把那个组合密码送交给蒙特卡洛的马丁内斯。那个信使及时抵达，那个保险箱也就安然无恙地被打开了。

遵照马丁内斯的承诺，银行董事会寄给克雷格一笔可观的奖金，而克雷格则坚持要和麦卡洛克和弗格森一起分享这笔奖金。这三个朋友在雄狮客栈度过了一个愉快的夜晚，算是庆祝。

"啊，是的。"克雷格在一杯醇美的雪利酒下肚后，说，"这个案子就和以前我遇到的那些案子一样，是一件有趣的案子！这些数字机器，纯粹出于理智的好奇心发明出来的机器可能在某一天被证明有如此出乎意料的实际应用，这一点难道不是异乎寻常的吗？"

让我们首先再谈一点关于蒙特卡洛之锁谜题的事情吧。

在法尔库的最后一个条件当中，没有说要求y是一个不同于x的组合。因此，取x和y相等，那个条件就读作："如果x特别相关于x，如果x会堵塞那把锁，x就是中性的，并且如果x是中性的，那么x就会堵塞那把锁。"现在，x不可能既堵塞那把锁又是中性的，因而如果x特别相关于x，那么x既不可能堵塞那把锁也不可能是中性的，因而它必定可以打开那把锁！所以，如果我们能够找到一个组合特别相关于它自己，那么这样一个x就会打开那把锁。

当然，克雷格在他回到伦敦之前就认识到了这一点。但是你如何找到一个特别相关于它自己的组合x呢？这就是克雷格在他有幸目睹麦卡洛克的第三台机器之前无法解决的问题。

正如后来表明的那样，基于法尔库的条件找到一个能够被证明为特别相关于它自己的组合这样一个问题，实际上等同于在麦卡洛克最新的那台机器中找到一个生成它自己的数。唯一的实质差别就是组合是字母构成的字符串，而数字机器的操作对象是数字构成的字符串，但是我们可以通过下面的手段轻易地将其中一个问题转化成另外一个问题：

首先，我们需要考虑的所有组合只是那些使用了Q、L、V、R这四个字母（显而易见它们就是扮演关键角色的全部字母）的组合。现在假设我们不使用这些字母，而分别使用数2、6、4、5来代替它们，也就是说，2代替Q，6代替L，4代替V，5代替R。为了记忆方便，列出下面的对应图表：

Q　L　V　R

2　6　4　5

现在，让我们来看看采用数字记法而不是字母记法的时候，法尔库的前四个条件看起来是什么样子的：

（1）对于任意的数X，2X2特别相关于X。

（2）如果X特别相关于Y，那么6X特别相关于2Y。

（3）如果X特别相关于Y，那么4X特别相关于Y箭头。

（4）如果X特别相关于Y，那么5X特别相关于YY。

我们马上就看出这些条件除了使用的是特别相关于这个短语而不是生成以外，刚好就是现在的数字机器的条件。（当我表述第八章当中的那些条件的时候，也许会用生成这个术语来代替特别相关于，只不过现在我不想给读者太多的提示！）所以我们可以明白其中任何一个问题都可以转换成另一个问题。

让我再说一次，而且这次说得更明确一些：对于任意由字母Q、L、V、R构成的组合x，设x̄是替换Q为2，L为6，V为4并且R为3而得到的数。比如，如果x̄是组合VQRLQ，那么x̄是42362这个数。让我们称呼x̄为x的编号。（顺便说一句的是，为表达式指派数的想法起源于逻辑学家库尔特·哥德尔，在技术上被称作哥德尔编号。正如我们将在第四部分看到的那样，它具有非常重要的意义。）

现在我们就可以明确地陈述前文的要点如下：对于由字母Q、L、R构成的组合x和y，如果能够基于麦卡洛克的最新机器的M—Ⅰ到M—Ⅳ这四个条件证明，x̄生成ȳ，那么就能够基于法尔库的前四个条件证明，x特别相关于y；并且反之亦然。

所以，如果我们能够找到一个在这台最新的数字机器当中必定生成它自己的数，那么这个数必定就是特别相关于它自己的一个组合的编号，而且这个组合就可以打开那把锁。

现在，我们如何在现在的这台机器里面找到一个生成它自己的数N呢？我们首先需要找到一个数H，使得对于任意的数X和Y，如果X生成Y，那么HX生成Y2Y2。如果我们能够找到这样一个H，那么对于任意的数Y，H2Y2就会生成Y2Y2（因为根据M—Ⅰ，2Y2生成Y），从而H2H2就会生成H2H2，于是我们就会找到我们想要的N。但是我们怎样找到这样一个H呢？

这个问题就归结为下面的问题：从一个给定的Y开始，我们怎样才能通过连续应用现在的机器能够执行的操作得到Y2Y2呢？哦，我们能够通过下面的方式从Y得到Y2Y2：首先反转Y，得到Y箭头；然后把2放到Y箭头的左边，得到2Y箭头；其次反转2Y箭头，得到Y2；最后重复Y2，得到Y2Y2。这些运算都可以分别用4、6、4以及5这些运算数来表示，所以我们取H为5464。

让我们检验一下这个H是否真的符合要求：假设X生成Y，而我们要检验的是5464X生成Y2Y2。哦，既然X生成Y，4X生成Y箭头（根据M—Ⅲ），从而64X生成2Y箭头（根据M—Ⅱ），从而464X生成Y2（根据M—Ⅲ），从而546X生成Y2Y2（根据M—Ⅳ）。所以如果X生成Y，那么HX的确生成Y2Y2。

既然我们已经找到我们的H，我们就相应地取N为H2H2，所以5464254642这个数生成它自己（读者可以直接验证这一点）。

既然我们知道5464254642生成它自己，我们就知道它必定是可以打开那把锁的一个组合的编号。而这个组合就是RVLVQRVLVQ。

当然，我们也可以直接解决蒙特卡洛之锁这个问题，而不是把它翻译成一个数字机器的问题。但是我选择了后一种解法，因为一方面这就是克雷格找到这个问题的解答的实际方法，而另一方面，我觉得对于读者来说，在一个例子当中看到两个数学问题是如何可以有不同的内容但是有相同的抽象形式将会是非常有趣的。

为了直接验证RVLVQRVLVQ特别相关于它自己（并且从而可以打开那把锁），我们做出如下推理。QRVLVQ特别相关于RVLV（根据性质Q），从而VQRVLVQ特别相关于RVLV的反转（根据性质V），也就是VLVR。因而，LVQRVLVQ特别相关于QVLVR（根据性质L），从而VLVQRVLVQ特别相关于QVLVR的反转，也就是RVLVQ。从而，RVLVQRVLVQ特别相关于RVLVQ的重复（根据性质R），也就是RVLVQRVLVQ。所以，RVLVQRVLVQ特别相关于它自己。

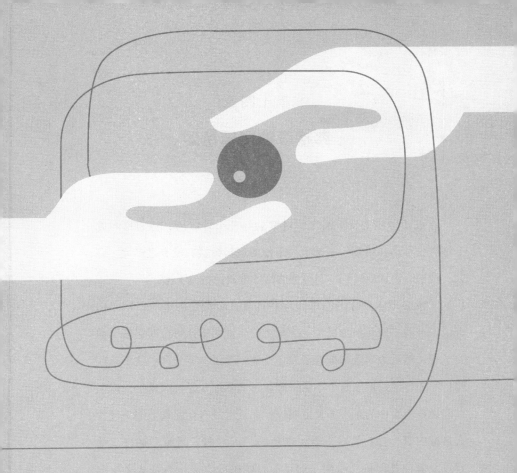

第四部分

可解的还是不可解的？

第十四章
弗格森的逻辑机器

    在成功破解蒙特卡洛之锁谜案的好几个月以后，克雷格和麦卡洛克去拜访弗格森，了解了一下他的逻辑机器。没有过多大一会儿，他们的谈话就转到了对可证明性的本质的讨论上来。

    "我必须告诉你们一件有趣并且富有启发性的事情，"弗格森说，"在一次几何测试中一个学生需要证明毕达哥拉斯定理。他交了卷，然后数学老师把卷子发还给他，给了他零分和'这不是证明！'的评语。后来这个小伙子到数学老师那儿说：'先生，你怎么能说我交给你的东西不是证明呢？你从来没有在课堂上定义过什么是证明呀！你只是对于诸如三角形、正方形、圆圈、平行、垂直以及其他几何概念给出了漂亮而且精确的定义，但是从来没有确切地定义过你说的证明这个词是什么意思，你怎么能够如此肯定地断言我提交给你的就不是一个证明呢？你会怎么证明它不是一个证明呢？'"

    "太棒了！"克雷格一边鼓掌，一边大叫道，"那个男孩将会大有前途。那个老师是如何回应的呢？"

    "哦，"弗格森回答说，"不幸的是，那个老师是一个既不懂幽默又缺乏想象的枯燥无味的迂腐先生。由于那个男孩的鲁莽，老师还扣了他的附加分。"

"太不幸啦！"克雷格不无愤慨地大叫道，"我要是那个老师，那么我就会因为那个男孩有这样敏锐的观察给他最高荣誉！"

弗格森回答说："当然，我也会这样。但是你要知道不幸的是有太多这样的老师，他们自己没有创新能力，反倒认为那些能够独立思考的学生是一种威胁。"

"我必须承认，"麦卡洛克说，"如果我站在那个老师的位置，我也无法回答那个男孩的问题。当然，我会表扬他提出了那个问题，但是我不知道如何回答它。那么，什么才是一个证明呢？当我看见一个正确的证明的时候，我不知道为什么似乎总是可以把它识别出来，而当我碰到一个无效的论证的时候，我通常也能够把它识别出来。然而如果有人要我给出一个证明的定义，那么我仍然会因为无法回答而感到痛苦不堪！"

弗格森回答说："几乎所有的数学家都是这样的。他们当中有超过百分之九十的人能够识别一个正确的证明或者看出一个不正确的证明当中的无效来，尽管他们无法定义他们的一个证明是什么意思。逻辑学家感兴趣的一个任务就是分析'证明'的概念，把它搞得和所有别的数学概念一样严格。"

"如果大多数的数学家都已经知道一个证明是什么，那么尽管他们不能够定义一个证明是什么，"克雷格说，"那么对这个概念的定义又有多大的重要意义呢？"

"有几个理由。"弗格森回答说，"即便一个理由也没有，我也愿意仅仅为了定义本身知道这个定义。在数学的历史当中经常出现某些基本概念，比如连续性，在它们被严格定义之前很长时间里面就已经被直觉把握了。然而一旦得到定义，这个概念就会获得一个新的维度：一些关于这个概念的事实就能够得以确立，而在缺乏一个关于什么时候应用或者不应用这个概念的确定准则的情况下，要发现这些事实如果不是不可能的，也是极其困难的。'证明'的概念也不例外：有时候一个证明利用了一个新规则，诸如选择公理，而有时候则在相关原则是否合法的问题上争执不下。关于'证明'的一个精确定义就可以准确地描述出刚好使用了或者没有使用什么样的数学原则。"

"另一方面，当我们希望确立一个给定数学陈述不能够从一个给定的公理集合证明出来的时候，拥有'证明'的一个精确定义变得特别关键。这种情形和欧几里得几何学当中的尺规作图是相似的：为了证明某个作图任务，诸如要证明三等分一个角，化圆为方，或者构造拥有一个给定立方体的两倍体积的立方体是不可能的，而使用这样那样的直尺和圆规就可能完成这样的作图任务得到正面结果，这涉及对'作图'这个概念更为关键的刻画。对于可证明性也是如此：为了证明一个陈述，不可以从一个给定的公理集合证明出来比一个给定陈述可以从这些[1]公理证明出来这样形式的正面结果，对证明的概念需要更为关键的刻画。"

1　原文直译为"一个"，应为遗漏了复数后缀"s"。——译者注

·一个哥德尔类型的谜题·

"现在，"弗格森继续说，"给定一个公理系统，这个系统当中的一个证明是由依照非常精确的规则构造出来的一个有穷句子序列组成的。判定一个给定句子序列是不是这个系统当中的一个证明，是一件可以按照纯粹机械的程序完成的简单事务。事实上，建造一台做这件事情的机器也是小事一桩。建造一台机器用以判定一个公理系统当中的哪些句子是可证明的而哪些不是可证明的却是完全不同的一件事情。我怀疑，这个事务是否能够完成取决于它的公理系统……"

"我当前的兴趣是定理的机器证明，也就是，在机器当中证明各种各样的数学真理。这就是我最新的一台用来证明定理的机器。"弗格森骄傲地指着一个相貌极其古怪的装置说。

克雷格和麦卡洛克在这台机器前面站了几分钟，试图弄明白它的功能。

克雷格最后问道："它刚好能够做些什么样的事情呢？"

"它可以证明各种各样关于正整数的事实，"弗格森回答说，"我正在使用一个语言，它包含了各种数集的名字，特别是正整数的各种集合的名字。在这个语言当中可以命名的数集有无穷多个。比如，我们对于偶数的集合有一个名字，对于奇数的集合有一个名字，所有能够被3整除的数组成的集合有一个名字——差不多数论研究者感兴趣的每一个集合在这个语言里都有一个名字。现在，尽管有无穷多个可命名的集合，可命名的集合的总数还是不会超过所有正整数的个数。并且对每一个正整数n都分配了某个可命名的集合A_n。我们因此可以把所有可命名的集合排成一个无穷序列A_1、A_2、…、A_n、…（如果你喜欢，你可以想象一本有无穷多页的书，并且对于每一个正整数n，第n页包含了对于一个正整数集合的一个描述。然后可以把集合A_n看成是在这本书的第n页上面被描述的那个集合。）

"我采用'∈'这个数学符号，它表示英文短语'属于'或者'是……的一个元素'，并且对于每一个数x和每一个数y，我们有句子$x∈A_y$，这个句子读作'x属于集合A_y'。这就是我的机器要考察的句子仅有的类型。这台机器的功能在于尝试发现什么样的数属于什么样的可命名集合。

"现在，每一个句子$x∈A_y$都有一个编号，按照通常的二进制记法写出来也就是x个1后面跟着y个0而构成的字符串。比如，$3∈A_2$这个句子的编号就是11100，$1∈A_5$的编号就是100000。对于任意的x和y，在我这里x*y的意思是$x∈A_y$这个句子的编号，因而x*y就是x个1后面跟着y个0构成的字符串。"

"这台机器的运行方式如下，"弗格森继续说道，"无论它什么时候发现了一个数x属于一个集合A_y，它都会打印x*y这个数，也就是$x∈A_y$这个句子的编号。如果这台机器打印x*y，那么我就说这台机器已经证明了$x∈A_y$这个句子。并且，如果这台机器能够打印x*y这个数，那么我就说$x∈A_y$这个句子是可（以被这台机器）证明的。

"现在，我知道我的机器，在每一个句子可以被这台机器证明的句子都是真的这个意义上，总是精确无误的。"

"稍等片刻，"克雷格插嘴说道，"你说的'真'是什么意思呢？'真'又和可证明的有什么不同呢？"

弗格森回答说："噢，这两个概念是完全不同的。我称一个句子 $x \in A_y$ 为真，如果x实际上是集合 A_y 的一个元素。这完全不同于说这台机器能够打印x*y这个数。如果后者成立，那么我说 $x \in A_y$ 这个句子是可证明的，也就是可以被这台机器证明的。"

"噢，现在我懂了，"克雷格说，"换句话说，当你说你的机器精确无误，也就是每一个可证明的句子都是一个真句子的时候，你想说的是这台机器永远不会打印一个数x*y，除非x实际上是集合 A_y 的一个元素。这样说对吗？"

"完全正确！"弗格森回答道。

克雷格说："告诉我，你怎么知道你的机器总是精确无误的呢？"

"要回答这个问题，"弗格森回答说，"那么我必须告诉你这台机器的所有细节。这台机器基于某些关于正整数的公理而运行，这些公理都已经以某些指令的形式被编制为程序进入了这台机器。这些公理都是众所周知的数学真理。这台机器不能够证明任何不是这些公理的逻辑后承的陈述。既然这些公理都是真的，而且真陈述的任何逻辑后承都必定是真的，那么这台机器就不能够证明一个假的句子。如果你喜欢，我可以告诉你这些公理，然后你自己就可以明白这台机器能够仅仅证明那些真的句子。"

"在你那样做之前，"麦卡洛克说，"我想问你另外一个问题。假设我愿意暂时采取你关于每一个可以被这台机器证明的句子都是真的观点。反过来的情况如何呢？每一个形为$x \in A_y$的真句子都是可以被这台机器证明的吗？换句话说，这台机器能够证明所有形式为$x \in A_y$的真句子，还是仅仅其中的部分的真句子呢？"

弗格森回答道："这是一个最为重要的问题，但是，哎，我不知道它的答案！它恰恰就是我一直不能够解决的那个基本问题！我好几个月来都在断断续续地研究它，但是没有任何进展。我确实知道这台机器能够证明每一个作为那些公理的逻辑后承的陈述$x \in A_y$，但是我不知道我是否已经把足够多的公理编制为程序装入机器了。已经装入机器的那些公理只是代表了数学家们现在所知道的关于正整数系统的事实的总和，我们也许仍然没有足够的知识用来完全确定哪一个数x属于哪一个可命名集合A_y。到目前为止，对于我已经审查并且发现基于纯粹的数学理由为真的每一个句子$x \in A_y$来说，我都发现它是那些公理的一个逻辑后承，因而这台机器就可以证明它。但是，仅仅因为我至今没有能够发现一个这台机器不能证明的真句子并不意味着就没有这样的一个句子，也许只是我没有找到它而已。或者还有，这台机器也许真的能够证明所有真的句子，但是我至今不能够证明这一点。我就是不知道呀！"

正在这个时节，弗格森为了长话短说，告诉了克雷格和麦卡洛克这台机器使用的全部公理以及那些使得它得以从老句子证明新句子的纯然逻辑的规则。一旦克雷格和麦卡洛克知道了这台机器运转的这些细节，他们就能够立即明白它的确是精确的——它证明的句子的确都是真的。但是，这台机器能够证明的究竟是所有真的句子还是仅仅其中的部分句子这个问题仍然悬而未决。他们三个人在接下来的几个月里又一起会了几次面，试图解决这个问题的进展虽然缓慢但是也的的确确地在迫近最后的成功，最后他们解决了它。

我不会用所有的细节来烦扰读者，只想提到其中和这个问题的解答相关的那些细节。当这三个人找出这台机器的三个关键性质的时候，也就到了对于蒙特卡洛之锁谜案的调查的转折点。我认为，是克雷格和麦卡洛克首先发现了这三个性质，而最后的画龙点睛则是由弗格森来完成的。我将马上告诉你这些性质是什么，不过这之前还需要介绍一点关于记法的预备知识。

对于任意的正整数集合A，它的补集A补集的意思是所有不在A中的正整数的集合（比如，如果A是偶数的集合，那么它的补集A补集则是奇数的集合；如果A是所有可以被5整除的数的集合，那么它的补集A补集则是所有不能够被5整除的数的集合）。

对于任意的正整数A，我们将用A^*来表示所有满足x*x是A的一个元素的正整数x的集合。因而，对于任意的x，说x在A^*之中等于是说x*x在A之中。

现在，下面的就是克雷格和麦卡洛克发现的那三个关于这台机器的关键性质：

性质1：集合A_8是这台机器能够打印的所有数的集合。

性质2：对于每一个正整数n，$A_{3\cdot n}$是A_n的补集（我们所说的$3\cdot n$的意思是3倍n）。

性质3：对于每一个正整数n，集合$A_{3\cdot n+1}$就是集合A_n^*（所有满足x*x属于A_n的数的集合。

1. 从性质1、性质2以及性质3，可以严格地推演出弗格森的机器不能够证明所有的$x \in A_y$真句子！这里留给读者的问题是，找到一个真的但是却不能够被这台机器证明的句子。也就是说，我们要找到数n和m（要么相同要么相异），使得n实际上是集合A_m的一个元素，但是句子$n \in A_m$的n*m的编号不能够被这台机器打印。

2. 在为问题1给出的解答当中，数n和m都小于100。还有另外一个解答，其中n和m依然都小于100（再说一次，m可能等于n也有可能不等；我现在不知道是哪一种情况）。读者朋友你能够找到这个解答吗？

3. 对于n和m的大小没有任何限制的情况下，有多少个解答呢？也就是说，有多少个不能够被弗格森的机器证明的真句子呢？

结　语

弗格森没有轻易地放弃建造一个能够证明所有算数真理而不会证明任何谬误的机器的抱负，事实上他后来又建造了许许多多的逻辑机器。[1]但是对于他建造的每一台机器来说，要么是他，要么是克雷格，要么是麦卡洛克发现了一个不能够被那台机器证明的真句子。因此他最终放弃了建造一个既完全正确又能够证明所有真的算

1　其中一些很有趣，我希望在另一本书当中来介绍它们的情况。

数句子的纯粹机械的装置的努力。

　　弗格森英勇的奋斗之所以失败并不是因为在他那方面缺少智慧。我们必须记得他生活的时代还在诸如哥德尔、塔尔斯基、克雷尼、图灵、波斯特、丘奇以及其他一些的逻辑学家之前好几十年。而我们这里马上就要求助于这些逻辑学家的工作结果。要是他能活着看到这些人都生产了什么，那么他就会认识到他的失败的唯一根源在于他所努力从事的东西与生俱来就不可能这一事实！因此，为了向弗格森以及他的朋友[1]克雷格和麦卡洛克致敬，我们将向前跳跃三十年或者四十年来到1931年那关键的一年看一看。

1　原文意为同事，不太妥当。——译者注

1. 一个解答是，句子$75 \in A_{75}$是真的，但是它不能够被那台机器证明。理由如下。

假设句子$75 \in A_{75}$是错的。那么75不属于集合A_{75}。从而75必定属于A_{25}（根据性质2，就有A_{75}是A_{25}的补集）。既然$25 = 3*8+1$，根据性质3，这就意味着$75*75$属于A_8，从而$75*75$可以被这台机器打印，换句话说，根据性质2，$75 \in A_{75}$可以被这台机器证明。因而，如果句子$75 \in A_{75}$是假的，那么它就可以被那台机器证明。但是我们知道那台机器是准确无误的，从来不会证明错误的句子。因而，句子$75 \in A_{75}$不可能是假的，它必定是真的。

既然$75 \in A_{75}$这个句子是真的，那么75就确实属于A_{75}这个集合。从而75不可能属于A_{25}（根据性质2），进一步$75*75$这个数就不可能属于A_8，因为如果$75*75$属于A_8，那么根据性质3，75就会属于A_{25}。既然$75*75$不属于A_8，那么$75 \in A_{75}$这个句子就不可能被那台机器证明。因此$75 \in A_{75}$这个句子就是真的但却不能被那台机器证明。

2. 在给出别的解答之前，让我们先来看看下面这个一般的事实：关键集合K是所有满足句子$x \in A_x$不能够被那台机器证明的数x的集合，或者换个说法，所有满足$x*x$不能够被那台机器打印的数x的集合。现在，A_{75}就是这个集合K，因为说x属于A_{75}等于说x不属于A_{25}，进而等于说$x*x$不属于A_8，而A_8是那台机器能够打印的所有数的集合。所以$A_{75} = K$。而且还有$A_{73} = K$，因为说一个数x属于A_{73}等于说$x*x$不属于A_9（根据性质3，又由于$73 = 3 \cdot 24 + 1$），进而等于说$x*x$不属于A_8（根据性质2）。因而，A_{73}是所有满足$x*x$不能够被那台机器证明的数x的集合，或者换个说法，A_{73}是所有满足$x \in A_x$

不能够被这台机器证明的数x的集合。由于A_{73}和A_{75}都等于K这个集合，因而它们就是同一个集合。另外，给定任意的数n满足$A_n = K$，$n \in A_n$这个句子必定是真的但是不能够被那台机器证明——这里依据的是和特殊情形n = 75所依据的论证本质上相同的论证（在下一章中我们会给出一个其形式更一般的论证）。所以$73 \in A_{73}$是另外一个其编号不能够被那台机器打印的真句子的例子。

3. 对于任意的n，集合$A_{9 \cdot n}$必定和集合A_n相同，因为$A_{9 \cdot n}$是$A_{3 \cdot n}$的补集，而$A_{3 \cdot n}$是A_n的补集，从而$A_{9 \cdot n}$和A_n是同一集合。所以A_{675}和A_{75}是同一集合，因而$675 \in A_{675}$是另外一个解答。而且$2175 \in A_{2175}$也是一个解答。事实上，有无穷多个真句子是弗格森的机器不能够证明的：对于任意的n，如果它要么是75乘以9的某个倍数，要么是73乘以9的某个倍数，那么$n \in A_n$这个句子就是真的但是不能够被那台机器证明。

第十五章
可证明性和真

1931年的确是数理逻辑的历史当中的一个伟大的里程碑，那是库尔特·哥德尔发表他著名的不完全定理的那一年。哥德尔在他那篇划时代的论文[1]的开头是这样写的：

> 数学朝着更大精确性的发展已经导致了它的广大领域得以形式化，以至于证明都可以按照一些机械的规则得到执行。迄今最为广博的形式系统有两个：一个是怀特海和罗素的"数学原理"，另一个是公理集合论的策梅洛—弗兰克尔系统。两个系统都广博到能够把今天数学当中使用的所有证明方法都形式化到它们当中。因而猜想这些公理和推理规则足以判定所有可以在相关系统中得以公式化的数学问题看起来就是合理的。下面将会证明真实情况并不是这样的，而是在上面提到的两个系统当中，都存在普通正整理论的一些相对简单的问题是不可能基于那些公理得以判定的。[2]

哥德尔然后继续解释说，这个情形并不取决于我们正在讨论的

---

1 "Über formal unentscheidbare Sätze der *Principia Mathematica* und verwandter Systeme I"（"论《数学原理》和相关系统当中的形式上不可判定的命题"），*Monatshefte für Mathematik. und Physik* 38：173-198。

2 综合翻译。

这两个系统的特殊性质，而是对一大类数学系统都成立的。

这"一大类"数学系统到底是哪一类呢？对此已经给出了各种各样的解释，而且哥德尔定理也通过几种方式得到了相应的推广。足够奇怪的是，其中一种最为直接而且对于一般的读者来说最容易理解的方式却是看起来最不为人所知的方式。使得这一点更为奇怪的是，这种方式就是哥德尔自己在他那篇原创论文的导引部分中指出来的那一种方式！我们将在下面利用这种方式。

让我们来考虑一个具有以下性质的公理系统。首先，我们对于各种各样的（正整）数集合都有名字，并且（正如在上一章的弗格森的系统当中那样）我们把所有的这些可命名集合排成一个无穷序列A_1，A_2，…，A_n，我们把一个数n称为一个可命名集合A的索引，如果 $A = A_n$。（因而，举例来说，如果集合A_2、A_7和A_{13}碰巧是同一个集合，那么2、7、13就都是这个集合的索引。）正如在弗格森的系统当中那样，我们把任意的两个数x、y和一个写作"$x \in A_y$"的句子关联起来，对于这个句子来说，如果x属于A_y，它就被称作真的，而如果x不属于A_y则被称作假的。但是，我们不再假定$x \in A_y$这样的句子是这个系统仅有的句子，可能还有别的样子的句子。只不过其他类型的句子也都要么被划分为一个真句子要么被划分为一个假句子。

这个系统的每一个句子都被分配一个编号，现在我们就把这个编号叫作那个句子的哥德尔数，而且我们设x*y为句子$x \in y$的哥德尔数。（我们不再需要假定x*y是由x个1组成的字符串后面跟着y个0组成的字符串来构成的，这一点都不像哥德尔当时实际使用的编号方法。有许多不同的编号方法可以运用，而哪一个编号方法可以运用自如则取决于我们正在考虑的是哪一个特别的系统。无论如何，对于我们打算证明的这个一般定理来说，无须关于那个特别的哥德尔编号方法作出任何假定。）

某些句子被取为这个系统的公理，而且给出某些规则以使人们可以从公理证明出各种各样的句子。因而在这个系统当中，就有"一个句子是可证明的"这么一个定义明确的性质。我们假定这个系统是可靠的，也就是说每一个在这个系统当中可证明的句子都是真的；从而，特别而言，只要一个句子$x \in A_y$是在这个系统当中可证明的，那么x实际上是集合A_y的一个元素。

我们令P是在这个系统当中所有可证明的句子的哥德尔数的集合。对于任意的数集A来说，我们再一次令$\overline{A}$为A的补集（所有不在A中的数的集合），并且令A^*为所有满足x*x属于A的数x的集合。我们现在感兴趣的是那些满足下面三个条件G_1、G_2以及G_3的系统：

G_1：集合P在这个系统当中是可命名的。另行陈述就是，至少有一个数p满足A_p是所有可证明的句子的哥德尔数的集合（对于弗格森的系统来说，8是这样一个数p）。

G_2：任意在这个系统当中可命名的集合的补集也是在这个系统当中可命名的。另行陈述就是，对于任意的数x，都有某个数x'(:x')满足$A_{x'}$是A_x的补集（对于弗格森的系统来说，3·x就是这样一个数x'）。

G_3：对于任意的可命名集合A，集合A^*也是这个系统当中可命名的。另行陈述就是，对于任意的数x，都有某个数x^*满足A_{x^*}是所有满足n*n属于A_x的数n的集合（对于弗格森的系统来说，$3 \cdot x + 1$就是这样一个数x^*）。

刻画弗格森的机器的条件F_1、F_2以及F_3显然只不过是G_1、G_2以及G_3的特殊情形而已。后面的三个一般条件具有相当重要的意义，因为它们的确对于一大类数学系统成立，这类系统包括了在哥德尔的论文得到处理的那两个系统。也就是说，可以把所有可命名集合排成一个无穷序列A_1，A_2，$\cdots$，A_n，并且对于这些句子给出一个使得条件G_1、G_2以及G_3的确都成立的哥德尔编号方法。因而，在满足条件G_1、G_2以及G_3的系统当中任何可证明的东西都可以应用到许多重要的系统上。

我们现在可以陈述和证明哥德尔定理的下面这个抽象形式。

定理G：给定任意满足条件G_1、G_2以及G_3的可靠系统，必定有一个句子是真的但是在这个系统当中不可证明。

定理G的证明是对于弗格森系统的那个证明的一个直接推广。我们令K是所有满足x*x不在集合P中的数x的集合。既然P是可命名的（根据G_1），所以它的补集（$\bar{P}$根据G_2）也是可命名的，从而集合$\bar{P}^*$也是可命名的（根据G_3），然而$\bar{P}^*$就是集合K（因为$\bar{P}^*$是所有满足x*x在$\bar{P}$当中的数x的集合，或者换一种说法就是，所有满足x*x不在P当中的x的集合）。所以集合K在这个系统当中是可命名的，也就意味着至少有一个数k使得$K = A_k$（对于弗格森的系统来说，73就是这样的一个数k，75也是）。对于任意的数x来说，说句子$x \in A_x$是真的就等于断定x*x不在P当中，也就等于说句子$x \in A_x$（在这个系统当中）不可证明。特别地，如果我们取x为k，句子$k \in A_k$为真就等于它在这个系统当中是不可证明的，也就意味着要么它是真的但是在这个系统当中不可证明，要么是假的但是在这个系统当中可证明。既然我们已知这个系统是可靠的，后一种可能就被排除了，从而前者[1]必定成立，也就是说那个句子是真的但是在这个系统当中不可证明。

讨论：在《这本书叫什么？》中，我考虑过一个类似的情形。那是在一个岛上，每一个居民要么是一个总是讲真话的骑士，要么是一个总是撒谎的恶棍。某些骑士被称为既定骑士而某些恶棍被称为既定恶棍（骑士对应着真句子，而既定骑士则对应着不仅真而且可证明的句子）。现在，这个岛屿的任意居民都不可能说"我不是一个骑士"，因为一个骑士从来不会撒谎声称他不是一个骑士，而一个恶棍从来不会如实地承认他不是一个骑士。因而，这个岛屿的所有居民都不会声称他不是一个骑士。然而，一个居民却有可能说"我不是一个既定骑士"。如果他那样说了，那么并不会没有任何矛盾，只不过会推断出某件有趣的事情，也就是，说话人必定实际上是一个骑士但不是一个既定骑士。因为一个恶棍从来不会如实地断言他不是一个既定骑士（因为他真的不是一个既定骑士），所以说话人必定是一个骑士。既然他是一个骑士，他的陈述必定是真的，所以正如他所说，他是一个骑士而不是一个既定骑士——正如断定自己在那个系统当中的不可证明性的句子$k \in A_k$必定是真的，但是在那个系统当中不可证明那样。

1　原文误为"form"。——译者注

·哥德尔句子和塔尔斯基定理·

让我们现在来看一个至少满足G_2和G_3这两个条件的系统（条件G_1暂时是不相关的）。我们已经定义P是这个系统的可证明句子的哥德尔数的集合。让我们现在来定义T为这个系统的所有真句子的哥德尔数的集合。1933年，逻辑学家阿尔弗雷德·塔尔斯基提出并且回答了下面这个问题：集合T在这个系统当中是可命名的呢，还是不可命名的呢？这个问题可以纯粹基于条件G_2和G_3得到回答。我将很快给出这个答案，但还是首先让我们来看一个对于那些至少满足条件G_3的系统来说更加基本的问题。

给定任意的句子X和任意的正整数集合A，如果要么X是真的并且它的哥德尔数位于A之中，要么X是假的并且它的哥德尔数位于A之外，那么我们将称呼X是A的一个哥德尔句子。（这样的一个句子可以被看作在断定它自己的哥德尔数位于A之中。如果这个句子是真的，那么它的哥德尔数真的就在A里面；如果这个句子是假的，那么它的哥德尔数就不在A里面。）现在，如果在一个系统当中，每一个可命名的集合A都至少有一个A的哥德尔句子，那么我们就称呼这个系统是哥德尔型的。

下面给出的是一个基本事实：

定理C：如果一个系统满足条件G_3，那么它是哥德尔型的。

1. 证明定理C。

2. 取一个特殊情形，就来看弗雷森的系统吧。找到集合A_{100}的一个哥德尔句子。

3. 假设一个系统是哥德尔型的（却不必满足条件G_3）。如果这个系统是可靠的并且满足条件G_1和G_2，那么它必然包含一个真的但是在这个系统中不可证明的句子吗？

4. 令T为所有真句子的哥德尔数的集合。T有一个哥德尔句子吗？$\overline{T}$，也就是T的补集有一个哥德尔句子吗？

现在我们正好可以回答塔尔斯基的那个问题。下面的就是塔尔斯基定理的一个抽象版本：

定理T：给定任意满足条件G_2和G_3的系统，所有真句子的哥德尔数的集合T在这个系统当中不是可命名的。

注解：可定义的这个词有时候被用来代替可命名的，而定理T有时候就写成下列形式：对于足够丰富的系统，这个系统之中的真不是在这个系统之中可定义的。

5. 证明定理T。

6. 注意到一旦定理T被证明，我们就可以立即获得作为一个推论的定理G这一情况，对于我们来说是有启发性的。读者朋友你能够明白其中的道理吗？

·哥德尔论证的一个对偶形式·

    各种各样已经被哥德尔的论证方法证明为不完全的系统也都有一个性质：每一个句子X都和一个被称作X的否定的句子X'关联起来，并且X'真当且仅当X假。如果一个句子的否定X'是在这个系统当中可证明的，那么它被叫作在这个系统当中可证伪的或者可反驳的。假定这个系统是可靠的，那么没有一个假句子是在这个系统当中可证明的，并且没有一个真句子是在这个系统当中可反驳的。

    我们已经看到条件G_1、G_2、G_3蕴含着集合$\overline{P}$的一个哥德尔句子的存在，以及这样一个句子G是真的但不是在这个系统当中可证明的（假定这个系统是可靠的）。既然G是真的，那么它也就不可能是在这个系统中可反驳的（再一次假定系统的可靠性）。所以G这个句子在这个系统当中既不是可证明的也不是可反驳的。（这样一个句子被称作在这个系统当中不可判定的。）

    在一本20世纪60年代的专著《形式系统的理论》当中，我考虑了哥德尔论证的一个"对偶"形式：不考虑一个断定它自己的不可证明性的句子，而考虑一个断定它自己的可反驳性的句子，那么如何构造这样一个句子呢？更精确地来说，令R为所有可反驳的句子的哥德尔数的集合，再假设X是R的一个哥德尔句子，那么X的状态如何呢？这个想法将在下一个问题当中得以实行。

    7. 现在，让我们来考虑满足条件G_3的一个可靠的系统，但是我们不假定条件G_1和G_2，而假定下面这个单一的条件：

G1'：集合R是在这个系统当中可命名的。

（因而我们假定这个系统是可靠的并且满足条件G₁'和G₃。）

（a）证明有一个句子在这个系统当中既不是可证明的也不是可反驳的。

（b）取一个特殊情形，假设我们已知A_{10}是集合R而且对于任意的数n、$A_{5\cdot n}$是所有满足x*x在A之中的x的集合（这是G₃的一个特殊情形）。现在的问题实际上是要找到一个在这个系统当中既不可证明的也不可反驳的句子，并且判定这个句子是真还是假。

注释：

（1）哥德尔获得一个不可判定的句子的方法归结为构造$\overline{P}$，也即P的补集的一个哥德尔句子。这样一个句子（它可以被看作在断定它自己的不可证明性）必定是真的但不是在这个系统当中可证明的。而那个"对偶"方法则归结为构造集合R，而不是集合$\overline{P}$的一个哥德尔句子。这样一个句子（它可以被看作在断定它自己的可反驳性）必定是假的但不可反驳。（既然它是假的，它也就不是可证明的，从而在这个系统当中是不可判定的。）我应该说，哥德尔原来的论文处理的那些系统满足G₁、G₂、G₃以及G₁'所有这四个条件，所以这两种方法都可以用来构造不可判定的句子。

（2）一个断定它自己的不可证明性的句子像一个骑士——恶棍岛上断言他不是一个既定骑士的当地人，与此相同的是，一个断定它自己的可反驳性的句子就像那个岛上断言他是一个既定恶棍的当地人一样：这样一个当地人的确是一个恶棍，但不是一个既定恶棍（我把对于这一点的证明留给读者朋友们）。

解 答

1. 假设这个系统确实满足条件G_3。令S为在这个系统当中可命名的任意集合。那么根据G_3，集合S^*在这个系统当中可命名。所以有某个数b满足$A_b = S^*$。现在，一个数x属于S^*仅当x*x属于S。所以，一个数x属于A_b仅当x*x属于S。特别地，取x为b，数b属于A_b就仅当b*b属于S。并且，b*b是$b \in A_b$这个句子的哥德尔数。那么我们就可以看出，$b \in A_b$当且仅当它的哥德尔数属于S。所以，如果$b \in A_b$是真的，它的哥德尔数就会属于S，而如果$b \in A_b$是假的，它的哥德尔数就不属于S。因而，$b \in A_b$这个句子就是S的一个哥德尔句子。

2. 在弗格森的系统当中，给定任意的数n，A_{3n+1}就是集合A_n^*。那么A_{301}就是集合A_{100}^*。我们利用上一个问题的结果，取b为301。因而，$301 \in A_{301}$就是集合A_{100}的一个哥德尔句子。更为一般的是，对于任意的数n，如果我们令$b = 3 \cdot n + 1$，$b \in A_b$这个句子就是A_n在弗格森系统当中的一个哥德尔句子。

3. 是的，必然有这样一个句子。假设这个系统是哥德尔型的并且条件G_1和G_2都成立，还假设这个系统是可靠的。根据G_1，集合P是可命名的，从而根据G_2，$\overline{P}$、P的补集也是可命名的。然后，由于这个系统是哥德尔型的，那么$\overline{P}$就有一个哥德尔句子X。这就意味着X是真的当且仅当X的哥德尔数在$\overline{P}$之中。但是说X的哥德尔数在$\overline{P}$之中等于是说它不在P之中，也就等于是说X不是可证明的。因而，$\overline{P}$的一个哥德尔句子不多不少正好就是一个当且仅当在这个x系统当中不可证明的情况下为真的句子，并且正如我们已经看到的那样，这样一个句子必定是真的但不是在这个系统当中可证明的（假定这个系统是可靠的）。

诚然，哥德尔的论证的实质在于构造集合$\overline{P}$的一个哥德尔句子。

4. 显而易见的是，每一个句子X都是T的一个哥德尔句子，因为如果X是真的，它的哥德尔数就在T之中，而如果X是假的，它的哥德尔数就不在T之中。因而，没有一个句子能够成为$\overline{T}$的哥德尔句子，因为既不可能X为真而它的哥德尔数在$\overline{T}$之中，也不可能X为假而它的哥德尔数不在$\overline{T}$之中。

对于读者来说，观察到对于任意的数集A以及对于任意的句子X，X要么是A的哥德尔句子要么是$\overline{A}$的哥德尔句子，但绝不可能既是A又是$\overline{A}$的哥德尔句子这一点，是有启发性的。

5. 让我们首先考虑任意一个满足条件G_3的系统。根据问题1，给定任意一个在这个系统当中可命名的集合，它都有一个哥德尔句子。另外，根据上一个问题，$\overline{T}$没有一个哥德尔句子。因而，如果这个系统满足G_3，那么$\overline{T}$这个集合就不是在这个系统之中可命名的。如果这个系统也满足条件G_2，那么T也不是在这个系统当中可命名的——因为如果它是可命名的，那么根据G_2，它的补集$\overline{T}$就会是可命名的，然而这是不可能的。这就证明了在一个满足G_2和G_3的系统之中，集合T不是在这个系统当中可命名的。

概而言之：（a）如果G_3成立，那么$\overline{T}$不是可命名的；（b）如果G_2和G_3都成立，那么T和$\overline{T}$都不是在这个系统当中可命名的。

6. 如果我们首先已经证明了定理T，我们就可以像下面这样获得定理G：

假设我们有一个满足G_1、G_2、G_3的可靠系统。由G_2和G_3，并且使用定理T，我们就可以看到T不是在这个系统当中可命名的。但是根据G_1，P是在这个系统当中可命名的。由于P是可命名的而T不是，那么P和T必定是不同的集合。然而由于我们已知这个系统在每一个可证明的句子都为真的意义上是可靠的，那么P之中的每一个数也在T之中。因此，由于T不同于P，在T之中必定就至少有一个数n不在P之中。由于n在T之中，它必定就是一个真句子X的哥德尔数。但是由于n不在P之中，那么X就不是在这个系统当中可证明的。所以，X是真的但不是在这个系统当中可证明的。所以定理G成立。

7. 我们已知条件G_1'和G_3。

（a）根据G_1'，集合R是在这个系统当中可命名的。于是根据条件G_3，集合R^*是在这个系统当中可命名的。从而，有某个数h使得$A_h = R^*$。现在，据R^*的定义，一个数x在R^*之中当且仅当x*x在R之中。因而，对于任意的x来说，x属于A_h当且仅当x*x属于R。特别而言，如果我们取x为h，那么h属于A_h当且仅当h*h属于R。现在，h属于A_h当且仅当h$\in A_h$这个句子是真的。另外，由于h*h是句子h$\in A_h$的哥德尔数，那么h*h属于R当且仅当句子h$\in A_h$是可反驳的。因此，句子h$\in A_h$是真的当且仅当它是可反驳的。这就意味着这个句子要么是真的和可反驳的，要么是假的但不是可反驳的。既然我们已知这台机器是可靠的，这个句子就不可能既是真的又是可反驳的，从而它必定是假的但不是可反驳的。由于这个句子为假，它也就不可能是可证明的（再一次因为这个系统是可靠的）。因此，h$\in A_h$这个句子既不是可证明的也不是可反驳的（另外它还是假的）。

（b）我们现在已知A_{10}就是R，以及对于任意的n，$A_{5 \cdot n}$就是集合A_n^*。因此，A_{50}就是集合R^*。并且根据解答（a），在取h为50的情况下，句子$50 \in A_{50}$就既不是可证明的也不是可反驳的。另外，这个句子还是假的。

第十六章

谈论它们自己的机器

　　我们现在将从一个稍有不同的角度，把上面说过的那个中心观念放在异常清晰的光线之中加以观察来考虑哥德尔的论证。

　　我们将取P、N、A、—这四个符号并且考虑这些符号的所有可能组合。我们所说的表达式的意思是这些符号的任意组合。比如，P——NA—P就是一个表达式，—PN——A—P也是。某些表达式将被指派一个意义，然后这些表达式就被叫作句子。

　　假设我们有一个只能够打印某些表达式的机器。我们称呼一个表达式是可打印的，如果这台机器能够打印它。我们还假定这台机器能够打印的所有表达式或早或晚都会被打印出来。给定任意的表达式X，如果我们希望表达"X是可打印的"这个命题，我们就写下"P—X"。所以举例来说，P—ANN说的是ANN是可打印的（这可能是真的也可能是假的，但那就是它表达的意义）。如果我们想说X不是可打印的，我们就写下"NP—X"。（符号N就是"不"这个词的简写，正如符号P代表可打印的这个词一样。因此NP—X就会被粗略地读作"不可打印的X"，或者被精细地读作"X是不可打印的"。）

　　我们所说的一个表达式的伙伴的意思是另外一个表达式，X—

X。我们使用符号A代表"……的伙伴"的意思，那么对于任意给定的X，如果我们想说X的伙伴是可打印的，我们就会写下PA—X（读作"可打印的X的伙伴"，或者更精细地读作"X的伙伴是可打印的"）。如果我们希望说X的伙伴不是可打印的，我们就写下NPA—X（读作"不可打印的X的伙伴"，或者更精细地读作"X的伙伴不是可打印的"）。

现在，读者朋友也许奇怪为什么我们使用破折号作为其中的一个符号：为什么不直接使用PX而是P—X来表达"X是可打印的"这个命题呢？原因在于，不要破折号就会产生语境歧义。比如说，PAN会是什么意思呢？它的意思究竟是N的伙伴是可打印的呢，还是表达式AN是可打印的呢？用上破折号，这样的歧义就不会出现了。如果我们想要说"N的伙伴是可打印的"，我们就写下"PA—N"，而如果我们想要说"AN是可打印的"，我们就写下"P—AN"。再举一例，我们假设想要说"—X是可打印的"，那么我们会写下"P—X"吗？不会，那样陈述的是"X是可打印的"的意思。为了说"—X是可打印的"，我们必须写下"P——X"。

也许多举一些例子会更有帮助：P——说的是"—是可打印的"，PA——也说的是———（—的伙伴）是可打印的，P———也说的是—— —是可打印的，而NPA——P—A说的是—P—A的伙伴不是可打印的——换句话说，—P—A——P—A不是可打印的，而NP——P—A——P—A说的是同一回事。

我们现在定义一个句子为具有下列四种形式之一的任意表达式：P—X，NP—X，PA—X以及NPA—X，其中X是任意的表达式。

如果X是可打印的，我们称P—X是真的，而如果X不是可打印的，我们就称P—X是假的。如果X的伙伴是可打印的，我们称PA—X是真的，而如果X的伙伴不是可打印的，我们就称PA—X是假的。最后，如果X的伙伴不是可打印的，我们称NA—X是真的，而如果X的伙伴是可打印的，我们就称NP[1]A—X是假的。我们现在已经对于所有四种类型的句子的真和假给出了一个精确的定义，那么由此可以推出，对于任意的表达式X：

定律1：P—X是真的当且仅当X是可（被这台机器）打印的。

定律2：PA—X是真的当且仅当X—X是可打印的。

定律3：NP—X是真的当且仅当X不是可打印的。

定律4：NPA—X是真的当且仅当X—X不是可打印的。

我们这里有一个奇怪的循环！这台机器正在打印出那些断定这台机器能够打印什么以及不能够打印什么的句子！在这种意义上，这台机器正在谈论它自己，或者更为精确地说就是，打印出关于它自己的句子。

我们现在已知这台机器是百分之百精确的，也就是说，它从来不会打印出任何一个假句子，它只是打印出真句子。这个事实就有几个衍生事实：举例来说，如果它曾经打印出来P—X，那么它必定也会打印出X，因为它打印出P—X也就意味着P—X必定是真的，也就意味着X是可打印的，从而这台机器迟早都会打印出X来。

同样可以推出，如果这台机器能够打印出PA—X，那么由于

1　原文遗漏了"P"。——译者注

PA—X必定是真的，这台机器必定就也会打印出X—X。还有，如果这台机器打印出NP—X，那么由于NP—X和P—X这两个句子不可能都真——前者说的是这台机器不可能打印出X，而后者说的是这台机器的确会打印出X来——，它就不可能打印出P—X。

下面的问题把哥德尔的观念放到了我能够想象到的最为清晰的光线之中。

1. 单重哥德尔型的一个挑战

找到一个真句子，它是这台机器不能够打印出来的。

2. 双重哥德尔型的一个谜题

我们继续假定相同的条件，尤其要继续假定这台机器是精确的这一个条件。

有一个句子X和一个句子Y满足：X和Y当中的一个句子必定是真的但不是可打印的，然而根据那些体现在定律1到定律4的给定条件，我们无法判断它是其中哪一个句子。你能够找到这样的一对X和Y吗？（提示：找到两个句子X和Y，其中X说Y是可打印的而Y说X不是可打印的。有两种不同的方法可以完成这个任务，它们都和弗格森的两个定律有关！）

3. 三重哥德尔型的一个问题

构造三个句子X、Y以及Z，使得它们满足：X说Y是可打印的，Y说Z不是可打印的，而Z说X是打印的。并且证明这三个句子当中至少有一个（尽管不能确定究竟是哪一个）必定是真的但不是可被这台机器打印的。

·两个谈论它们自己和它们彼此的机器·

让我们现在增加一个R作为第五个符号。我们因此拥有P、R、N、A、—这五个符号。现在给定两台机器M_1和M_2，它们每一个都可以打印出由这五个符号构成的各种各样的表达式。我们现在把"P"解释成"可以被第一台机器打印"的意思，而把"R"解释成"可以被第二台机器打印"的意思。因此，P—X现在的意思就是X是可以被第一台机器打印的，而R—X的意思就是X是可以被第二台机器打印的。还有，PA—X的意思是X的伙伴是可以被第一台机器打印的，RA—X的意思是X的伙伴是可以被第二台机器打印的。还有，NP—X、NR—X、NPA—X、NRA—X分别意味着：X不是可以被第一台机器打印的，X不是可以被第二台机器打印的，X—X不是可以被第一台机器打印的，X—X不是可以被第二台机器打印的。一个句子现在的意思是下面八种类型之一的任意表达式：P—X、R—X、NP—X、NR—X、PA—X、RA—X、NPA—X以及NRA—X。我们已知第一台机器只打印真句子，而第二台机器只打印假句子。让我们称一个句子是可证明的当且仅当它是可以被第一台机器打印，一个句子是可反驳的当且仅当它是可以被第二台机器打印的。因此，P可以读作"可证明的"而R读作"可反驳的"。

4. 找到一个句子，它是假的但不是可反驳的。

5. 有两个句子X和Y满足：其中一个（我们不知道是哪一个）必定要么是真的但不是可证明的，要么是假的但不是可反驳的，我们还是不知道究竟是哪一种情况。有两种方法都可以用来寻找这样的两个句子，相应地我提出下面两个问题：

（a）找到两个句子X和Y，使得X说Y是可证明的而Y说X是可反驳的。然后证明这两个句子当中有一个（我们无法判断是哪一个）要么是真的但不是可证明的，要么是假的但不是可反驳的。

（b）找到两个句子X和Y，使得X说的是Y不是可证明的而Y说的是X不是可反驳的。然后证明对于这样的X和Y，其中有一个（我们无法判断是哪一个）要么是真的但不是可证明的，要么是假的但不是可反驳的。

6. 现在让我们来试着解决一个四重谜题！找到四个句子X、Y、Z以及W，使得X说Y是可证明的，Y说Z是可反驳的，Z说W是可反驳的，W说X不是可反驳的。证明这四个句子当中有一个必定要么是真的但不是可证明的，要么是假的但不是可反驳的（尽管没有方法判断这四个句子当中哪一个是）。

·麦卡洛克的机器和哥德尔定理·

读者也许已经注意到前面的这些问题和麦卡洛克的第一台机器

的某些特征之间有某些相似之处。诚然，这台机器可以按照下面的方式和哥德尔定理关联起来。

7. 假设我们有一个数学系统，它有某些被称为真的句子，以及某些被称为可证明的句子。我们假定这个系统是可靠的，也就是每一个可证明的句子都是真的。对于每一个数N都指派一个我们称其为句子N的句子。假设这个系统满足下面两个条件：

Mc_1：对于任意的数X和Y，如果X在麦卡洛克的第一台机器当中生成Y，那么句子8X是真的当且仅当句子Y是可证明的。（请记住8X意味着8后面跟着X，而不是8倍X。）

Mc_2：对于任意的数X，句子9X是真的当且仅当句子X不是真的。

找到一个数X，使得句子N是真的但是在这个系统当中可证明的。

8. 假设在上一个问题的Mc_1条件当中，我们把"麦卡洛克的第一台机器"替换为"麦卡洛克的第二台机器"。现在找到一个N，使得句子N是真的但不是可证明的！

9. 是悖论吗？

让我们再次回到问题1，不过现在出现了下面的一些变化。我们不再使用"P"这个符号，而使用"B"（这是因为有一些下面就要提到的心理学方面的理由）。我们对于句子的定义和前面一样，除了现在用"B"代替了"P"之外。因此，我们的句子现在就是

B—X、NB—X、BA—X，以及NBA—X。一如前面，句子被划分成两组，真句子的一组和假句子的一组，只不过我们没有被告知哪些句子是真的、哪些句子是假的。现在，我们拥有的不再是一个打印出各种各样的句子的机器，而是一个就在这里的逻辑学家，他相信某些句子而不相信另外的句子。当我们说这个逻辑学家不相信一个句子的时候，我们并不是想说他否认它，而只是想说他并不相信它，换句话说，他要么相信它是假的要么对于它是真是假没有任何主意。现在符号"B"代表"被这个逻辑学家相信"，并且我们还已知对于任意的表达式X，下面的四个条件都成立：

B_1：B—X是真的当且仅当这个逻辑学家相信X。

B_2：NB—X是真的当且仅当这个逻辑学家并不相信X。

B_3：BA—X是真的当且仅当这个逻辑学家相信X—X。

B_4：NBA—X是真的当且仅当并不是这个逻辑学家并不相信X—X。

假定这个逻辑学家是正确的，也即他不相信任何错误的句子。于是我们自然就能够找到一个句子，它是真的但是这个逻辑学家并不知道它是真的：NBA—NBA（它说的是这个逻辑学家并不相信NBA的伙伴，也就是NBA—NBA）就是这样的一个句子。

现在有趣的事情来了。假设我们已知关于这个逻辑学家的下列事实：

事实1：这个逻辑学家对于逻辑的掌握至少和你或者我一样好。事实上我们将假定他是一个完美的逻辑学家：给定任意的一些前提，他能够推导出所有的逻辑结论。

事实2：这个逻辑学家知道条件B_1、B_2、B_3以及B_4全部成立。

事实3：这个逻辑学家总是正确的，他不相信任何假句子。

现在，既然这个逻辑学家知道条件B_1、B_2、B_3以及B_4全部成立，而且他也能够像你或者我一样推理得好，那么是什么阻止他执行我们同样执行过的推理过程来证明NBA—NBA这个句子必定是真的呢？看起来他似乎能够做到这一点，他于是就会相信NBA—NBA这个句子。但是由于这个句子说的是他不相信它，那么当他相信它的那一刻，这个句子将会被证伪，而这就会使得这个逻辑学家最终在信念上犯错！

所以，如果我们假定事实1、事实2以及事实3，我们不就会得到一个悖论吗？答案是我们不会，因为在我上一段的论证当中有一个故意设置的瑕疵！你能够找到这个瑕疵吗？

1. 对于任意的表达式X，句子NPA—X说的是X的伙伴不是可打印的。特别地，NPA—NPA说的是NPA的伙伴不是可打印的。但是NPA的伙伴恰恰就是NPA—NPA这个句子！因而，NPA—NPA断定了它自己是不可打印的，换句话说，这个句子是真的当且仅当它不是可打印的。这就意味着要么它是真的而且是不可打印的，要么它不是真的却是可打印的。由于这台机器是精确无误的，后面这种情况就不可能成立。因而，实际情况必定是前面一种情况，也就是这个句子是真的但不是可被这台机器打印的。

2. 令X为句子P—NPA—P—NPA并且Y为句子NPA—P—NPA。X这个句子（也就是P—Y）说的是Y是可打印的。句子Y（粗略的读法是"不是可打印的P—NPA的伙伴"）说的是P—NPA的伙伴不是可打印的。（顺便提一句的是，有另外一种方法可以用来构造这样的一对X和Y：取X为PA—NP—PA，而Y为NP—PA—NP—PA。）

我们因此有两个句子X和Y，其中X说Y是可打印的，而Y说X不是可打印的。

现在，假设X是可打印的。那么X也就是真的，也就意味着Y是可打印的。于是Y也就是真的，也就意味着X不是可打印的。这就会得出一个矛盾，因为X在这种情况之下既是可打印的又不是可打印的，从而X不可能是可打印的。既然X不是可打印的而Y说的是X不是可打印的，那么Y必定是真的。因此，我们就知道：

（1）X不是可打印的；

（2）Y是真的。

现在，X要么是真的要么不是真的。如果X是真的，那么根据

（1），X是真的但不是可打印的。如果X是假的，那么Y不是可打印的，由于X说的是Y是可打印的；所以在这种情况之下，Y是真的，而且根据（2），Y不是可打印的。所以要么X是真的而且不是可打印的，要么Y是真的而且不是可打印的，但是无法判断究竟哪一个是这样的。

讨论：上面的情形和下面的骑士–恶棍岛情形类似：在骑士–恶棍岛上有两个居民X和Y，其中X断言Y是一个既定骑士而Y断言X不是一个既定骑士。所有能够推断出来的东西就是，他们当中至少有一个非既定的骑士，但是无法判断他是哪一个。

我在《这本书叫什么？》最后一章"双重哥德尔型的岛屿"的一节当中，讨论了这种情形。

3. 我们令Z = PA—P—NP—PA。

我们令Y = NP—Z（也就是NP—PA—P—NP—PA）。

我们令X = P—Y（也就是P—NP—PA—P—NP—PA）。

立即就有，X说的是Y是可打印的而Y说的是Z不是可打印的。至于Z，Z说的是P—NP—PA的伙伴是可打印的，但是P—NP—PA的伙伴是P—NP—PA—P—NP—PA，也就是X！所以Z说的是X是可打印的。

所以X说Y是可打印的，Y说Z不是可打印的，而Z说X是可打印的。现在让我们看看由此可以推出什么：

假设Z是可打印的。那么Z是真的，也就意味着X是可打印的，从而X也是真的，也就意味着Y是可打印的，从而Y也是真的，也就意味着Z不是可打印的。所以如果Z是可打印的，那么它就不是可打印的，也就得出一个矛盾。因而，Z不是可打印的，因而Y是真的。

所以我们知道：

（1）Z不是可打印的；

（2）Y是真的。

现在，X要么是真的要么是假的。假设X是真的。如果Z是假的，那么X不是可打印的，也就意味着X是真的但不是可打印的。如果Z是真的，那么由于根据（1）不是可打印的，就有Z是真的但不是可打印的。所以如果X是真的，那么要么X要么Z是真的但不是可打印的。如果X是假的，那么Y不是可打印的，从而Y是真的，而根据（2），Y不是可打印的。

概而言之，如果X是真的，那么X和Z这两个句子当中就至少有一个是真的但不是可打印的。如果X是假的，那么Y就是真的但不是可打印的。

4. 令S为RA—RA这个句子。它说的是RA的伙伴，也就是S本身，是可反驳的，从而S是真的当且仅当S是可反驳的。既然S不可能既是真的又是可反驳的，因此它就是假的但不是可反驳的。

5.（a）取X为P—RA—P—RA，而Y为RA—P—RA。显而易见，X说的是Y是可证明的，而Y说的是P—RA的伙伴（它碰巧就是X）是可反驳的。所以X说的是Y是可证明的而Y说的是X是可反驳的。（如果我们取X为PA—R—PA而Y为R—PA—R—PA，我们就会得到一个不同的解答。）

现在，如果Y是可证明的，那么Y是真的，也就意味着X是可反驳的，从而X是假的，也就意味着Y不是可证明的。因此我们就会从假定Y是可证明的得到一个矛盾。既然Y不是可证明的，那么X是假的。所以我们知道：

（1）X是假的；

（2）Y不是可反驳的。

如果Y是真的，那么Y是真的而不是可证明的。如果Y是假的，那么X不是可反驳的（既然Y说的是X是可反驳的），所以在这种情形当中，X是假的但不是可证明的。因而，要么Y是真的而不是可证明的，要么X是假的而不是可反驳的。

（b）取X为NP—NRA—NP—NRA，而Y为NRA—NP—NRA（或者取X为NPA—NR—NPA，而Y为NR—NPA—NR—NPA），那么正如读者能够自己验证的那样，X说的是Y不是可证明的而Y说的是X不是可反驳的。如果X是可反驳的，那么X是假的，Y也就是可证明的，Y也就是真的，X也就不是可反驳的。从而X不是可反驳的，所以Y就也是真的。如果X是假的，那么X是假的而不是可反驳的。如果X是真的，那么Y不是可证明的，从而在这种情况之下，Y就是真的而不是可证明的。

讨论：类似地，假设我们有骑士–恶棍岛上的两个居民X和Y，其中X断言Y是一个既定骑士而Y断言X是一个既定恶棍。所有能够推断出来的东西就是，这两个人当中的一个（我们不知道究竟是哪一个）必定要么是一个非既定的骑士，要么是一个非既定的恶棍。在X断言Y不是一个既定骑士而Y断言X不是一个既定恶棍的情况下，也有相同的情况成立。

6. 令W = NPA—P—R—R—NPA；

Z = R—W（也就是R—NPA—P—R—R—NPA）；

Y = R—Z（也就是R—R—NPA—P—R—R—NPA）；

X＝P—Y（也就是P—R—R—NPA—P—R—R—NPA）。

X说Y是可证明的，Y说Z是可反驳的，Z说W是可反驳的，而W说的是X不是可证明的（W说P—R—R—NPA的伙伴，也就是X，不是可证明的）。

如果W是可反驳的，那么W就是假的，从而X是可证明的，所以X是真的，从而Y是可证明的，所以Y是真的，从而Z是可反驳的，所以Z是假的，因此W不是可反驳。因此，W不可能是可反驳的。所以W不是可反驳的，而Z因此就是假的。

现在，如果W是假的，那么W是假的但不是可反驳的。假设W是真的，那么X不是可证明的。如果X是真的，X就是真的而不是可证明的。假设X是假的。那么Y不是可证明的。如果Y是真的，那么Y是真的但不是可证明的。假设Y是假的，那么Z不是可反驳的。所以在这个情况下，Z是假的但不是可反驳的。

这就证明了要么W是假的而不是可反驳的，要么X是真的而不是可证明的，要么Y是真的而不是可证明的，要么Z是假的而不是可反驳的。

7. 这个情形只不过是这章当中的问题1在记号使用上的一个变体而已！

我们知道（在麦卡洛克的第一台机器当中）32983生成9832983，从而根据Mc_1，句子832983是真的当且仅当句子9832983是可证明的。另外，根据Mc_2，句子9832983是真的当且仅当句子832983不是真的。所以结合上面两个事实，我们就可以看到，句子9832983是真的当且仅当它不是可证明的。所以这个解答就是9832983。

如果我们将这个问题和问题1做一个比较，我们就可以看到，显而易见的是，9扮演了N的角色，8扮演了P的角色，3扮演了A的角色，而2则扮演了破折号的角色。事实上，如果我们把P、N、A、—分别替换成8、9、3、2，那么NPA—NPA这个句子（也就是问题1的解答）就变成了9832983这个数（现在这个问题的解答）。

　　8. 首先，麦卡洛克的第三台机器也遵守麦卡洛克定律，也就是，对于任意的数A，必定有某个X生成AX。我们像下面这样来证明这一点。我们从第十三章知道有一个数H，也就是5464，使得对于任意的数X，H2X2生成X2X2。（我们可以回想起H2H2于是生成它自己，只不过这一点和现在的问题没有关系。）现在，取任意的数A。令X＝H2AH2。那么X生成AH2AH2，也就是AX。因而，X生成AX。所以对于任意的数A，一个生成AX的数X就是54642A54642。

　　我们需要一个生成98X的X。假设X的确生成98X。那么句子8X是真的当且仅当句子98X是可证明的（根据Mc_1），从而句子98X是真的当且仅当句子98X不是可证明的（根据Mc_2）。那么句子98X是真的但不是在这个系统当中可证明的（由于这个系统是可靠的）。

　　现在，根据上一段落，在取A为98的情况下，我们就可以看到，一个生成98X的X是5462985462。从而句子985462985462是真的但不是在这个系统当中可证明的。

　　9. 我告诉过你，那个逻辑学家是精确无误的，但是我从来没有告诉过你，他知道他是精确无误的！如果他知道他是精确无误的，那么这个情形就会导致一个悖论！因而，真正从事实1、事实2当中推导出来的不是一个矛盾，而实际上是这个逻辑学家尽管是精确无误的，但是却不能够知道他自己是精确无误的。

这个情形并不是和哥德尔的被称为"哥德尔第二不完全定理"的另外一个定理完全无关的。粗略地说来，那个定理陈述的是，对于拥有足够丰富的结构的系统（这也包括了在哥德尔最初的文章当中得到处理的那些系统）来说，如果这个系统是协调的，那么它不可能证明它自己的协调性。这是一个相当深刻的事实，我打算在这本书的一个续篇当中进一步谈论它。

第十七章
必死的数和不死的数

在克雷格上一次看到麦卡洛克或者弗格森之后又过去了一段时间，一个临近傍晚的下午，他十分意外地遇到了麦卡洛克和弗格森，然后三个人高高兴兴地一起共进晚餐。

"你知道，"麦卡洛克在饭后说，"有一个问题已经困扰我好长一段时间了。"

"那么是什么问题呢？"弗格森问道。

"哦，"麦卡洛克回答说，"我已经研究了几台机器，而在每一台机器那儿我都会遇到相同的一个问题：某些数是可以接受的而且其他的都不是。现在，假设我把一个可接受的数X输入机器。X生成的数Y要么是不可接受的，要么是可接受的。如果Y是不可接受的，那么运行过程终止，而如果Y是可接受的，那么我就把Y送回这台机器当中，看看由Y生成的数Z是哪一个数。如果Z是不可接受的，那么运行过程终止，而如果Z是可接受的，我就继续把它送回这台机器当中，所以运行过程就会至少再继续一个周期。我不断重复这个操作，这样就有两种可能：（1）我最终得到一个不可接受的数；（2）这个过程永远进行。如果是前者，那么我称X相对于我们正在讨论的机器是一个必死数，而如果是后者，那么我称X是一个不死数。当然，一个给定的数也许对一台机器来说是必死的而对另一台机器来说是不死的。"

"让我们考虑一下你的第一台机器，"克雷格说，"我倒是能够想到大量的必死数，但是你能够给我一个不死数的例子吗？"

"显而易见，323就是一个不死数。"麦卡洛克回答说，"323生成它自己，所以如果把323放进这台机器，出来的还是323。我再把323放进去，再一次出来的还是323。所以在这种情况下，运行过程显然永远不会终止。"

"噢，当然！还有别的不死数吗？"克雷格笑着说。

1. "哦，"麦卡洛克回答说，"你说3223这个数怎么样呢？它是必死的还是不死的呢？"

2. 弗格森问道："32223这个数怎么样呢？它对你的第一台机器来说是必死的，还是不死的呢？"

麦卡洛克想了一小会儿，然后回答说："噢，这并不太难搞定。我认为你也许会喜欢自己试着解决它。"

3. "你也可以试试3232这个数。"麦卡洛克说，"这个数是必死的，还是不死的呢？"

4. "32323这个数怎么样呢？必死的呢，还是不死的呢？"克雷格问道。

5."这些都是好问题，"麦卡洛克说，"但是我还没有切入正题。我的一个朋友已经建造了一台相当复杂的数字机器，他断言这台机器能够做其他机器能够做的任何事情，他把它称为一个万能机器。现在，有几个数，他和我都不能够判断它们是必死的还是不死的，而我就想设计某种纯粹机械的测试来判定哪些数是必死的以及哪些数是不死的，可是迄今为止我还没有成功。特别要说的是，我正在试图找到一个数H，使得对于任意的可接受的数X，如果X是不死的那么HX是必死的，而如果X是必死的那么HX是不死的。如果我能够找到这样一个数H，那么我就可以判定任意一个可接受的数X是必死的还是不死的。"

"找到这样一个H如何就能让你做到那一点呢？"克雷格问道。

"如果我有了这样一个数H，"麦卡洛克回答说，"我就会首先照着我朋友的机器建造一个复制品。然后，给定任意的可接受的数X，我就会把X输入其中的一台机器，与此同时我的朋友就会把HX输入另一台机器。这两个过程当中有一个也只有一个会终止。如果第一个过程终止，那么我就会知道X是必死的，而如果第二个过程终止，那么我就会知道X是不死的。"

"你实际上不一定要建造第二台机器，"弗格森说，"你可以轮流执行这两个过程的各个阶段。"

"是的，"麦卡洛克回答说，"但是，由于我还没有能够找到这样一个数H，所有这一切都是假设性的。这台机器也许不能够解决它自己的死亡问题，也就是说，也许实际上没有这样的数H存在。反之，也许我只是一直不够聪明才没有找到它。这就是我想要向你们两位绅士请教的。"

"哦，"弗格森回答说，"我们必须知道这台机器的运行规则。这些规则都是什么样的呢？"

麦卡洛克开始说起这些规则来："有二十五条规则。最前面两条和我的第一台机器的最前面两条是一样的。"

"稍等片刻，"弗格森说，"你说的是你朋友的机器遵守你的规则1和规则2吗？"

"是的。"麦卡洛克回答说。

"哦，那就可以搞定这个问题了！"弗格森回答说，"没有一个遵守规则1和规则2的机器能够解决它自己的死亡问题！"

克雷格问道："你怎么能够这么快就判断出那一点来呢？"

"噢，这对于我来说并不新鲜。"弗格森回答说，"前一段时间，在我自己的工作当中出现过一个相似的问题。"

弗格森是怎么知道没有一个遵守规则1和规则2的机器能够解决它自己的死亡问题的呢？

1. 我们可以回想起3223生成23223以及23223理所当然生成3223。所以，我们有3223和23223这两个数，它们彼此生成对方。所以，它们都是不死的：把它们当中的一个输入这台机器，然后出来的是另外一个；把第二个数输入这台机器当中，然后输出来的是第一个。这个过程显然永远不会终止。

2. 对于任意两个数X和Y，如果要么X生成Y，要么X生成某个生成Y的数，要么X生成某个生成某个生成Y的数的数，要么X生成某个生成某个……生成某个生成Y的数的数，我们就说X导致Y。换一种说法就是，如果在这个以输入X为开始的过程中我们在某个状态得到Y，那么我们就说X导致Y。举例来说，22222278导致78——事实上这需要六步。更为一般的是，如果T是由若干个2组成的任意字符串，那么对于任意的数X来说，TX导致X。

现在，32223不生成它自己，但是它导致它自己，因为它生成2232223，2232223反过来生成232223，232223反过来生成32223。既然32223导致它自己，它就一定是不死的。

读者朋友也许已经注意到下面这个更为一般的事实：对于完全由2构成的任意的数T来说，3T3这个数必定导致它自己，因此它必定是不死的。

3. 我知道可以解决这个问题的唯一方法是：证明"对于完全由2构成的任意的数T来说，3T3这个数是不死的"这个更一般的事实，因而就有3T3的这个特例3232是不死的。而这个更一般的事实只不过是举例说明了下面一个更一般的原则（我们在下一个问题解答当中也将用到它）：

假设我们有一个数的类（这个类是有穷的还是无穷的无关紧要），它的每一个元素都导致它的某一个元素（要么是它自己要么是某个别的元素），那么这个类的每一个元素必定都是不死的。

为了在现在的这个问题当中应用这个原则，让我们来考虑所有形为3T32（其中T是一个由若干个2组成的字符串）的数组成的类。我们将证明3T32当中的任意一个元素必定导致这个类的另一个元素。

让我们首先考虑3232这个数。它生成32232，后者也是这个类的一个元素。32232生成哪一个数呢？它生成2322232，2322232反过来生成322232，而322232也是这个类的一个元素。322232生成哪一个数呢？它生成223222232，而223222232生成23222232，23222232生成3222232，所以我们又回到这个类之中。更为一般的是，对于任意由2组成的字符串T来说，32T32生成T322T32，T322T32导致322T32，而322T32又是这个类的一个元素。所以这个类的所有元素都是不死的。

4. 32323这个数生成3232323，3232323生成32323232323，而32323232323生成3232323232323232323。这里的生成模式应该是显而易见的：由重复任意次的32后面跟着一个3构成的任意数生成这种形式的另外一个数（事实上是一个更长的数），因此，所有这样的数都是不死的。

5. 我们首先可以观察到下面的事实。假设X和Y是满足X生成Y的两个数，那么如果Y是必死的，那么X必定也是必死的，因为如

蒙特卡洛之锁：小谜题大逻辑

果Y在第n步导致一个不可接受的数Z，那么X就会在第n＋1步导致Z。另外，如果Y是不死的，那么它永远都不会导致一个不可接受的数，又由于X能够导致一个数的唯一方式是通过Y，从而X就不可能导致一个不可接受的数。所以如果X生成Y，那么X的死亡性就和Y的死亡性是相同的，也就是说，它们要么都是必死的要么都是不死的。

　　现在，考虑任意一个至少遵守规则1和规则2（可能还有其他规则）的机器。取任意的数H。我们知道根据规则1和规则2，必定有一个数生成HX（事实上，我们可以回想起来H32H3就是这样一个数）。既然X生成HX，那么X和HX这两个数就要么都是必死的要么都是不死的（正如我们在上面一段当中证明的那样）。所以不可能有一个数H，使得对于每一个X来说，H和HX当中的一个数是必死的而另一个是不死的，因为对于X＝H32H3这个特别的数来说，实际情况不会是X和HX当中的一个数是必死的而另一个是不死的。因此，所有遵守规则1和规则2的机器都不可能解决它们自己的死亡性问题。

　　我们可以说，对于任意一个遵守规则1和规则4的机器，或者甚至对于任意一个遵守麦卡洛克定律的机器来说，上面的性质同样成立。（顺便说一句的是，这整个问题和一个著名的图灵机停机问题紧密相关，而这个问题的答案也是否定的。）

第十八章
永远不会建造出来的机器

在上一次相聚后不久的一个早下午，克雷格安静地坐在他的书房里面。一阵微弱的敲门声传来。

"请进，霍夫曼夫人。"克雷格对他的女房东说道。

"先生，有一位举止疯狂而相貌古怪的先生想要见你。"霍夫曼夫人说，"他声称他马上就要做出有史以来最伟大的数学发现了！他说这会引起你极大的兴趣，并且坚持要立即见到你。我应该怎么办呢？"

"哦，"克雷格精明地回答说，"你也许可以把他叫过来。我现在有大概半小时的空闲时间。"

不一会儿，克雷格的书房的门突然打开，一个心烦意乱而且怒火冲天的发明家（因为他是一个发明家）几乎是以飞一般的姿势冲进了这间屋子，然后把他的公文包扔到旁边的一个沙发上，猛地甩起手来，绕着屋子疯狂地跳起舞来，嘴里喊道："有啦！有啦！我就要找到它啦！它会让我成为有史以来最伟大的数学家！哎呀，欧几里得、阿基米德、高斯的名字都会变得苍白无色而无足轻重！牛顿、罗巴切夫斯基、波尔约、黎曼的名字……"

"现在，现在，你发现的东西究竟是什么呢？"克雷格打断了他，用平静而坚定的语气说道。

"我还没有完全发现它，"那个陌生人用略微有点克制的语调回答道，"但是我就要发现它了，并且到我发现它的时候，我就会成为一个有史以来最伟大的数学家！哎呀，伽罗瓦、柯西、狄利克雷、康托的名字……"

克雷格打断他："够啦！请告诉我你试图找到的东西究竟是什么呢。"

"试图找到？"那个陌生人脸上带着有点伤心的神情，说道，"哎呀，我告诉你，我差不多已经找到它了！一个能够解决所有数学问题的万能机器！哎呀，有了这台机器，我就会变得无所不知！我就能够……"

"啊，莱布尼兹的梦想！"克雷格说道，"莱布尼兹也曾经有过这样的一个梦想，但是我怀疑这个梦想是否可以实现。"

"莱布尼兹！"那个陌生人不无鄙夷地说道，"莱布尼兹！他只是不知道如何实现它罢了！但是我实际上已经有了这样一台机器！我现在只需要再补充一些细节——不过在这里，还是让我给你一个具体的例子来看看我探寻的东西是什么吧。"

"我正在寻找一台机器M，"陌生人（后来才知道他的名字叫沃尔顿）解释说，"它有某些性质。首先，你把一个自然数x输入这台机器，再输入一个自然数y，然后这台机器开始运算，最后出来一个自然数。我们就把最后出来的那个自然数叫作M(x,y)。所以M(x,y)就是当x作为第一个数和y作为第二个数输入M的时候M的输出。"

克雷格说："到现在为止我都能明白你。"

"现在，然后，"沃尔顿继续说道，"我将使用数这个词来表达正整数的意思，因为正整数是我将唯一关注的数。或许你知道，如果两个自然数要么都是偶数要么都是奇数，我们就说它们具有相同的奇偶性，如果它们当中有一个是偶数而另一个是奇数，我们就说它们具有不同的奇偶性。

"对于每一个x，令$x^\#$为数$M(x,x)$。现在，有三个性质是我希望我的机器所拥有的：

"性质1：对于每一个数a，我想有一个数b，使得对于每一个数x，$M(x,b)$和$M(x^\#,a)$具有相同的奇偶性。

"性质2：对于每一个数b，我想有一个数a，使得对于每一个x，$M(x,a)$和$M(x,b)$具有不同的奇偶性。

"性质3：我想有一个数h，使得对于每一个x，$M(x,h)$和x具有相同的奇偶性。

"这就是我希望我的机器所拥有的那三个性质。"沃尔顿总结说。

克雷格探员考虑了一段时间。

"那么你的问题是什么呢？"他最后问道。

"哎，"沃尔顿回答说，"我已经建造了拥有性质1和性质2的一台机器，拥有性质1和性质3的另一台机器，以及拥有性质2和性质3的第三台机器。所有这些机器的运行都很理想——实际上，这些机器的全部设计图纸都在我那边的公文包里装着——但是当我试图把这三个性质都输入一台机器的时候，就会出现问题！"

"究竟什么出现了问题呢？"克雷格问道。

"哎呀，机器根本就不能运转起来！"沃尔顿带着绝望的神情叫道，"当我把一对数（x,y）输入进去的时候，我并没有获得一个输出，而是听到一阵奇怪的嗡嗡声，有点像哪里短路了一样！你知道这是为什么吗？"

"哦，哦，"克雷格说道，"这就是我不得不考虑的一件事情。现在我必须出去处理一个案子，不过你可以留下你的名片，要不，如果你没有的话就留下你的姓名和地址，我会通知你我是否能够解决这个问题的。"

几天过后，克雷格探员写了一封信给沃尔顿，开头是这样写的：

亲爱的沃尔顿先生：

感谢你的来访以及你让我注意到你正在试图建造的那台机器。完全坦诚地说，即便你实际上构造出了这样一台机器，我也不能够完全明白它是如何解决所有数学问题的，但是毫无疑问的是，你比我更理解这件事情。然而更重要的是，我必须告诉你你的计划更像在试图建造一台永动机，可是永动机是根本无法建造出来的！实际上，这里的情形甚至还更糟一些，因为一台永动机尽管在这个物理世界当中是不可能的，但在逻辑上并不是不可能的，然而这样一台机器不只在物理上是不可能的，而且在逻辑上也是不可能的，由于你提到的那三个性质当中隐藏着一个逻辑矛盾。

克雷格的信接着解释了究竟为什么这样一台机器在逻辑上不可能的。你能够明白是为什么吗？

把这个问题的解答分解为三个步骤对我们是有帮助的：

（1）证明对于拥有性质1的任意机器，对于任意的数 a ，必定至少有一个数x，使得M(x, a)和 a 具有相同的奇偶性。

（2）证明对于拥有性质1和性质2的任意机器，对于任意的数 b，有一个数x，使得M(x,b)和x具有不同的奇偶性。

（3）没有一台机器可以同时拥有性质1、性质2以及性质3。

1. 考虑一个具有性质1的机器。取任意的数 a。根据性质1，有一个数b使得对于每一个x，M(x,b)和M(x#, a)具有相同的奇偶性。特别的是，在取x为b的情况下，M(b,b)和M(b#, a)具有相同的奇偶性。然而，M(b,b)就是b#这个数，所以b#和M(b#, a)具有相同的奇偶性。所以，当我们令x为b#这个数的时候，我们就会看到M(x, a)和x具有相同的奇偶性。

2. 现在考虑任意一个拥有性质1和性质2的机器，取任意的数b。根据性质2，有某个数 a 使得对于每一个x，M(x, a)和M(x,b)具有不同的奇偶性。而根据性质1，正如我们在上面的（a）当中证明的那样，至少有一个x使得M(x, a)和x具有相同的奇偶性。对于这样一个x来说，因为x和M(x, a)具有相同的奇偶性，而M(x, a)和M(x,b)具有不同的奇偶性，那么x必定和M(x,b)具有不同的奇偶性。

3. 再一次考虑一个拥有性质1和性质2的机器。取任意的数h。依照上面的（b），那么在把"b"读作"h"的情况下，至少有一个x使得M(x,h)和x具有不同的奇偶性。因此，不可能对于所有的数x来说，M(x,h)都和x具有相同的奇偶性。换句话说，性质3不可能成立。因此，性质1、性质2以及性质3是"不共可能的"（用的是安布罗斯·比尔斯[1]的可爱措辞）。

1　Ambrose Bierce，是美国最为出色的一个讽刺作家，著名的《魔鬼辞典》的作者。"incompossible"这个词就出现在那本书里。——译者注

注解：沃尔顿的机器的不可能性和塔尔斯基定理（第十五章）是紧密相关的，而且也不难根据同一个论证方法证明那个定理以及这台机器的不可能性。

第十九章

莱布尼兹的梦想

　　弗格森（以及沃尔顿以他自己特有的方式）正在尝试建造某种东西，如果成功，就可以实现莱布尼兹的一个最为狂热的梦想。莱布尼兹设想过可能制造一个能够解决所有数学问题以及所有哲学问题的计算机！撇开哲学问题不谈，甚至只是对于数学问题来说，莱布尼兹的梦想也是不可行的。这一点可以从哥德尔、罗瑟、丘奇、克雷尼、图灵、波斯特的那些结果推导出来，而我们现在就要来谈论他们的相关工作。

　　有一种类型的计算机，它的功能在于进行正整数之上的数学运算。对于这样的一台机器，你送入一个数x（输入），就会出来一个数y（输出）。举例来说，你能够轻易地设计一台机器（固然并不是一个非常有趣的机器），使得无论何时输入一个数x，输出来的都是x+1。这样一台机器可以说是在执行"加1"运算。或者我们可以有一个在两个数之上执行，比如加法运算的机器。对于这样一台机器，你首先输入一个数x，再输入一个数y，然后你按一下按钮，过一会儿，出来的就是数x+y。（当然，对于这样的机器有一个技术名称——我认为它们被叫作加法机！）

　　有另外一种类型的机器，它们可以被叫作生成机或者枚举机。

在我们这里将要采取的方法（它来源于波斯特的理论）当中，它们将扮演一个更为基础的角色。这样的一台机器不需要任何输入，它只是按照程序生成一个正整数的集合。比如，我们可以有一台机器用以生成偶数集，另一台机器用以生成奇数集，另外一台机器用以生成素数集，诸如此类。对于一个用以生成偶数集的机器来说，一个典型的程序可以像下面这样运行。

我们给这台机器两条指令：（1）打印出数2；（2）只要打印出一个数n，那么也要打印出n＋2。（你也可以在这两条指令之后给出一些系统化的辅助规则，以使这台机器最终都将把任何它能够做的事情给做了。）这样一个遵守指令（1）的机器迟早会打印出2，而在已经打印出2的情况下，根据指令（2），它迟早会打印出4，而再一次根据指令（2），已经打印出4就使得它迟早会打印出6，然后是8，然后是10，以此类推。这台机器于是就会生成偶数集。（没有进一步的指令，它是永远都不会打印出1、3、5或者任何一个奇数来的。）当然，为了编制一台机器的程序让它生成奇数集，我们仅仅需要把第一条指令修改为："打印出1。"有时候两个或者三台机器可以耦合以来以使一台机器的输出可以被另一台机器利用。比如，假设我们有两台机器，A和B，并且如下编制它们的程序：对于A我们给出两条指令："（1）打印出1；（2）只要机器B打印出n，就打印出n＋1。"对于机器B我们仅仅给出一条指令："（1）只要机器A打印出n，就打印出n＋1。"A将生成什么集合，并且B将生成什么集合呢？答案是，A将生成奇数集而B将生成偶数集。

现在，我们并不用中文[1]来给出一个生成机的一个程序，而是把这个程序编码为一个正整数（以数字串的形式），并且我们还可以妥帖地安排这种编码方法以使每一个正整数都成为某一个程序对应的编号。我们令M_n是其程序编号为n的那台机器[2]。我们现在把所有生成机排列成一个无穷序列M_1，M_2，…，M_n，…（M_1是其程序编号为1的那台机器，M_2是其程序编号为2的机器，以此类推）。

对于任意的数集（当然是正整数的集合）A以及任意的机器M，如果A当中的每一个数最终都被M打印出来，但是没有一个A之外的数被M打印出来，那么我们就将说M生成A，或者M枚举A。如果至少有一个枚举A的机器M_i，那么我们就将说A是可能性枚举的（另一个技术用语是可递归枚举的）。如果有一个枚举A的机器M_i以及另外一个枚举所有不在A中的数的集合的机器，我们就将说A是可解的（另外一个技术用语是递归的）。因而，A是可解的当且仅当A和它的补集$\bar{A}$都是可能性枚举的。

假设A是可解的，并且给定一个生成A的机器M_i以及一个生成A的补集的机器M_j。于是我们有一个能行的程序用以判断任意的数n是在A当中还是在A之外。比如，假设我们希望知道10这个数是在A里面还是不在A里面。我们让这两台机器，M_i和M_j同时启动，然后等待。如果10位于A之中，那么M_i迟早会打印出10，而我们就会知道10属于A。如果10位于A之外，那么机器M_j迟早会打印出10，而我

1　原文当然是"English"。——译者注

2　这里最好把一台生成机理解为一台搭载了并且仅仅搭载一个明确的计算程序的机器，以避免一台机器对应多少个程序的含混不清。——译者注

们就会知道10不属于A。所以最终也是不可避免地，我们将知道10是属于A还是不属于A（当然我们事先一点也不清楚我们不得不等待多长时间，我们只知道在某段有限的时间内我们将知道那个问题的答案）。

现在，假设一个集合A是可能性枚举的但不是可解的。那么我们有一个生成A的机器M_i，但是我们没有机器可以生成A的补集。再一次假设我想知道一个给定的数，比如说10在还是不在A里面。在这种情况下我们能够做得最好的事情就是，让M_i这台机器运转起来然后满怀希望罢了！我们现在仅有50%的机会能够知道它的答案。如果10确实在A之中，那么迟早我们会知道这一点，因为迟早M_i会打印出10。然而，如果10不在A之中，那么M_i就永远不会打印出10，但是无论我们等待多长的时间，我们都没有任何把握说M_i不会在某个接下来的时刻打印出10。所以如果10在A之中，我们迟早都会知道它在10之中，但是如果10不在A之中，那么（只是通过观察M_i这台机器）我们永远都不会明确地知道它不在A之中。我们可以恰当地把这样的一个集合A叫作半可解的。

这些生成机的第一个重要特征是，可以设计一个所谓的万能机器U，它的功能是系统地观察所有机器M_1，M_2，…，M_n，…的行为，只要一台机器M_x打印出一个数y，U就会报告这一个事实。它是怎样制作这个报告的呢？通过打印出一个数：对于任意的x和y，我们再一次令x*y为由x个1构成的字符串后面跟着y个1构成的字符串构成的那个数。我们对U最重要的指令是："无论何时M_x打印出y，都打印x*y。"

比如，假设M是被编制了生成奇数集的程序的机器，而M_b是被编制了生成偶数集的程序的机器。那么U将打印出 a*1、a*3、a*5、a*7等所有这些数，以及b*2、b*4、b*6、b*8等所有这些数，但是U永远不会打印出 a*4（由于M_a永远不会打印出4），也永远不会打印出b*3（由于M_b永远不会打印出3）。

现在，机器U本身有一个程序，因而也是可编程机器M_1，M_2，…，M_n，…当中的一员。因而，有一个数k使得M_k恰恰就是U这台机器！（在一个对这件事情有更为详尽的技术报告当中，我可以告诉你数k是哪一个数。）

我们也许注意到了，这个万能机器M_k既观察和报告所有其他机器的行为，也观察和报告它自己的行为。所以无论何时M_k打印出了一个数n，它必定也会打印出k*n，从而也打印出k*(k*n)，从而也打印出k*[k*(k*n)]，等等。

这些机器的第二个重要特征是，对于任意的机器M_a，我们能够为一台机器M_b编制程序以让它打印出并且仅仅打印出那些对应于M_a打印出来的x*x的数x（M_b可以说是在"监视"M_a，只要M_a打印出x*x，它就会依照指令打印出x）。我们也可以用下面的方法对程序进行编码：对于每一个 a，2a是这样的一个数b，它使得对于每一个 a，M_{2a}打印出并且仅仅打印出那些对应于M_a打印出来的x*x的数x。我们将假定已经用这种编码方法处理了所有程序，那么让我们把两个将在接下来被用到的基本事实记录在这里：

事实1：这个万能机器U打印出并且仅仅打印出那些对应于M_x打印出来的y的数x*y。

事实2：对于每一个数a，机器M_{2a}打印出并且仅仅打印出那些对应于M_a打印出来的x*x的数x。

我们现在就要进入中心议题：任意的形式数学问题[1]都可以翻译成一台机器a会还是不会打印出一个数b这样的问题。也就是说，给定任意的形式公理系统，人们能够对这个系统的所有句子指派哥德尔数，并且找到一个数 a，使得机器M_a打印出这个系统的所有可证明句子的哥德尔数，而不打印出其他任何数。因此为了弄清楚一个给定句子是不是在这个系统当中可证明的，我们就取它的哥德尔数b，然后观察机器M_b会不会打印出b。所以，如果我们有某种有效的方法来判定哪些机器打印出哪些数，那么我们就能够有效地判定哪些句子是在哪些系统当中可证明的。这样一来就算是以一种方式实现了莱布尼兹的梦想。另外，哪些机器打印出哪些数这个问题就可以划归为哪些数会被万能机器U打印出来这个问题，因为机器M_a是否打印出b这个问题等价于U是否打印出数 a*b这个问题。所以，对于U的完全知识就会推导出对于所有机器的完全知识，从而推导出所有形式[2]数学系统的完全知识。相反，一个给定机器是否打印出一个给定数这样一个任意的问题就可以划归为一个给定句子是否在某个数学系统当中可证明这样一个问题，因此对于所有形式数学系统的完全知识就会推导出对于这个万能机器的完全知

1　注意这里是"形式数学问题"而不只是"数学问题"。作者所谓的"形式数学问题"是指，给定一个数学公理系统，判断这个系统当中的一个句子是否在这个系统当中可证明这种问题。——译者注

2　"形式"二字为译者添加。——译者注

识。

令V是万能机器U打印出来的数的集合（这个集合V有时被叫作万能集合）[1]。那么，关键问题就是：这个集合V是可解的还是不可解的呢？如果是可解的，那么莱布尼兹的梦想就会实现；如果不是可解的，那么莱布尼兹的梦想就永远不可能实现。既然V是可能性枚举的（它是由机器U生成的），这个问题就归结为是否有一台机器M_a打印出V的补集$\overline{V}$。也就是说，有一台机器M_a打印出并且仅仅打印出那些不被U打印的数吗？这个问题可以仅仅基于事实1和事实2这两个上面给定的条件得到完全的回答。

定理L：集合$\overline{V}$不是可能性枚举的：给定任意的机器M_a，要么$\overline{V}$当中有某个数是M_a无法打印的，要么M_a[2]至少打印出来一个在V当中而不是在$\overline{V}$当中的数。

读者能够明白怎样证明定理L吗？取一种特殊情形，假设我们做出的断言是机器M_5枚举$\overline{V}$。为了反驳这个断言，只需要给出一个数n，并且证明要么n在$\overline{V}$之中而M_5不会打印出来n，要么n在V之中而M_5打印出来n。你能够找到这样一个数n吗？

我现在就将给出对这个问题的解答，而不需要到了这一章的最末尾才这么做。这个解答实际上又一次使用了哥德尔的论证方法。

取任意的数a。根据事实2，对于每一个数x，M_a打印出x*x当

---

1 这句话是从原来的"关键问题就是："之后提前到这里的。——译者注
2 原文误作"$\overline{M}$"。——译者注

且仅当M_{2a}打印x。但是，同样地根据事实1，M_{2a}打印x当且仅当万能机器U打印$2a*x$，或者换一种说法就是，当且仅当$2a*x$在集合V之中。因而，M_a打印$x*x$当且仅当$2a*x$在V之中。特别地取x为$2a$，M_a打印数$2a*2a$当且仅当$2a*2a$在V之中。所以下列情况之一为真：（1）M_a打印数$2a*2a$而且$2a*2a$在V之中，（2）M_a不打印$2a*2a$而且$2a*2a$在$\overline{V}$之中。如果（1）成立，那么M_a打印出这个不在$\overline{V}$之中而在V之中的数$2a*2a$，这就意味着M_a不生成集合$\overline{V}$，因为它至少打印出一个不在$\overline{V}$之中的数，这里是$2a*2a$。如果（2）成立，那么再一次M_a不会生成集合$\overline{V}$，因为数$2a*2a$在$\overline{V}$之中但是不会被M_a打印出来。所以在这两种情形当中，M_a都不会生成集合$\overline{V}$。既然没有一台机器能够生成$\overline{V}$，集合$\overline{V}$就不是可能性枚举的。

当然，对于$a=5$这一个特殊情形而言，数n就是$10*10$。

现在，所有这一切对莱布尼兹的梦想有何意义呢？严格地说，人们不可能证明或者反驳莱布尼兹的希望的可行性，因为莱布尼兹的希望并没有以一个精确的形式陈述出来。实际上，在莱布尼兹的时代并不存在一个对"计算机"或者"生成机"的精确概念。这些概念只是在这个世纪[1]才得到了严格的定义。对于这些概念，哥德尔、厄勃朗、克雷尼、丘奇、图灵、波斯特、斯穆里安、马尔可夫以及其他许多人已经给出了许多不同的定义方法，但是所有这些定义都已经被证明是等价的。如果"可解的"的意思是根据这些等价定义当中的任意一个定义而可解的，那么莱布尼兹的梦想就是不可

1　这本书写于20世纪。——译者注

行的，因为一个简单的事实是，我们能够使用某种方法对这些机器进行编号以使事实1和事实2都成立，然后根据定理L，万能机器生成的集合不是可解的，它只是半可解的。因而，没有一个纯粹"机械的"程序可以用来弄清楚哪些句子是在哪些公理系统当中可证明的而哪些句子不是。所以，任何试图发明一个聪明的"机械装置"来为我们解决所有数学问题的努力注定只会失败。

在逻辑学家艾米尔·波斯特那段预言性的话（1944年）当中，这个告诫意味着数学思考本质上是，并且必定继续是创造性的。或者，在数学家保罗·罗森布鲁姆那段富于机智的评论当中，这个告诫意味着人永远不能够消除使用他自己的智力的必然性，而不管他如何聪明地尝试进行这种消除工作。

图书在版编目（CIP）数据

蒙特卡洛之锁：小谜题大逻辑 /（美）雷蒙德·斯穆里安（Raymond Smullyan）著；胡义昭译. — 重庆：重庆大学出版社，2021.7

（哲学与生活丛书）

书名原文：The lady or the tiger? And other logic puzzles

ISBN 978-7-5689-1483-3

Ⅰ.①蒙… Ⅱ.①雷… ②胡… Ⅲ.①逻辑思维 – 通俗读物 Ⅳ.①B804.1-49

中国版本图书馆CIP数据核字（2021）第177930号

蒙特卡洛之锁：小谜题大逻辑

MENGTEKALUO ZHI SUO:XIAOMITI DALUOJI

[美] 雷蒙德·斯穆里安（Raymond Smullyan）　著
胡义昭　译
策划编辑：王　斌　张家钧
责任编辑：赵艳君　刘秀娟　装帧设计：原豆文化
责任校对：刘志刚　　　　责任印制：赵　晟
*
重庆大学出版社出版发行
出版人：饶帮华
社址：重庆市沙坪坝区大学城西路21号
邮编：401331
电话：（023）88617190　88617185（中小学）
传真：（023）88617186　88617166
网址：http://www.cqup.com.cn
邮箱：fxk@cqup.com.cn（营销中心）
全国新华书店经销
重庆升光电力印务有限公司印刷
*
开本：890mm×1240mm　1/32　印张：7.75　字数：167 千
2021年9月第1版　　2021年9月第1次印刷
ISBN 978-7-5689-1483-3　　　　定价：42.00元

THE LADY OR THE TIGER? AND OTHER LOGIC PUZZLES

ISBN: 0–394–51466–1

版贸核渝字（2016）第157号